让酷爱室内设计的小两口赞不绝口的房间及生活！

24 户住宅登场，看点多多！

充满DIY乐趣的日式家居装饰：
打造时尚两人小窝

日本主妇之友社　编著

黄辉　译

河南科学技术出版社

·郑州·

目录

Part 1

时尚夫妻偏好的室内设计

打造融合两种个性，世上独一无二的舒适房间！
这里汇集了一系列别具一格、充满个性的两人小窝。

混搭风格

客厅

“喜欢厂房系的东西，喜欢美式古董，也喜欢欧洲古老的物件。”高品位的选择在于不局限于一种形式。墙上的整面架子是用铁架和踏脚板组合做成的。

ROOM 01

贴近生活、舒适自然的粗朴体验

I夫妇（东京）

夫妇俩就职于一家知名装修公司。这套居所是由于钟情其地理环境而购置的二手公寓，由 ASO RYO DESIGN OFFICE 装修。

职场味十足的钢制物件，英式复古门及餐桌，客厅、餐厅融为一体。来自海洋的湿润空气，令人心旷神怡。“我们喜欢贴近生活的，自然粗朴的，不刻意做作的风格。”主人如是说。

购置此二手公寓的初衷在于其地理位置和环境。它地处东京市内黄金繁华地段，且面朝自然风光良好的公园。重新装修后，自然外露的墙面，三合土地面的入户空间，给人一种粗犷、质朴的感觉。

图1 随处可见的花草给硬朗风格的装潢增添了几分舒适和清爽感。钢制收纳盒来自 HOUSE OF FER TRA VAIL。
图2 简约的 DEMODE 9 落地灯及落地摆放的艺术品，把窗边打造成摩登一角。

舒适而自然的生活感，质朴而时尚的装潢中点缀着一件件旅行中觅得的可爱小物件，凸显出夫妇两人的个性与风格。土耳其的地毯，美国的民间艺术品等，一点一滴都是有故事的，它们佑护着主人的日常起居。“我们还喜欢雪花玻璃球，把蜜月旅行时搜集来的物件陈列出来，房间就装饰得更加耀眼了。”将自己喜爱的物件集中到一个藏品角，房间主人的气息就油然而生。

“最近一看到厂房系或军用系的东西就会忍不住买。我们认为温暖的民俗风和粗犷的工业系很搭。或许是因为我们本来就喜欢那种混搭的感觉吧。”

刚入住那会儿，两人去美国西海岸旅行，在Rose Bowl的自由市场买了很多东西。以后还会不断购置各种有故事的装饰品。

图 1 电视架是由水泥和踏脚板叠成的。从 Roundabout 觅得的钢制盒子可收纳一些日用杂物。

图2 两个土耳其布靠垫用了两种花色的布料，是在DEMODE 9挑了很久才选定的。简约基调中加入重口味的民俗风，透露出这对夫妇的独特风格。

餐厅

英式古老的工作台搭配职场系、纯咖啡休闲风及教堂系等各类椅子，给人一种粗犷的感觉。电灯泡是参考附近的咖啡厅设计的，购于 GLOBE。

厨房

厨房的管道和抽油烟机都装成简约的隐蔽式，即使有朋友聚会也可随心使用。

宽敞的三合土地面入户空间，可在此维修自行车，也可用作书房。美国篮球队同款储物柜购于 COMPLEX，可打造成鞋架。

喜爱的物件是旅途回忆的温馨点缀

简约的卧室，亮点是在土耳其旅行时一见钟情的地毯。

厨房门为英国古董，极具古典气息，购于 GLOBE。

两人居家生活问答

Q：选择这套房的决定性因素是什么?

地理位置和公园美景。

Q：二位刚开始一起生活时最不便的地方是什么?

当时两人挤在丈夫名下的一所小公寓（约 40m^2），房间收纳设计不够，妻子的东西不好整理。

Q：二位如何分摊家务?

工作日做饭、打扫卫生和洗衣服由妻子负责，周末做饭和洗衣服是丈夫负责。

Q：生活费中花费最大的是哪方面?

伙食费！两人都很爱吃。

Q：生活费中花费最省的是哪方面?

洗衣费。每天都亲自洗、熨衣服。

Q：两人会约定做些什么事以放松身心?

谁有时间就做一顿美餐犒劳对方（因为两人的休息日不同）。

Q：两人共同的假日多以何种方式度过?

带上狗开车远行，或是大白天喝啤酒然后随处走走，购购物，看看电影，等等。

Q：家庭聚会及纪念日必做的拿手菜是什么?

妻子-->意大利千层面、法式蛋饼、法式烩菜；丈夫-->烤牛肉、鱼类菜（从剖鱼开始）。

● 二手公寓（自有）/约70m^2

厨房

图 1 厨房家具是从宜家精选的。表面材料选用与地板相同的橡木。间隔台是请木匠打的。图 2 厨房一角是别有风味的半新架子，据说开始住简易公寓时就一直在用。常用的碗、盘、杯子都置于此。

圆形伸缩桌为荷兰制作。“一直想要这种形状的桌子，找了很久才找到。”搭配北欧“和谐”系列椅子。

餐厅

ROOM 02

“不太甜也不太辣”的装潢舒适无比

石泽义人先生和聪美女士（东京）

义人先生是摄影师，聪美女士是作家。他们购置的是公寓区中已有 25 年房龄的一处独门独户小楼，因喜欢 FLOOR DESIGN 的设计风格而请其进行了重新装修。

北欧风情

客厅

洒满阳光的窗边是休闲区，沙发来自 Hans J. Wegner，伊姆斯椅是与天童木工联合打造的限量款。

利用重新装修的机会，石泽夫妇实现了梦想中的装修格局。因两人的工作时间都很自由，所以他们想要一种全天候宜居家又宜工作的设计风格。

主打家具主要原产北欧。“不是太天然又不过于时尚才是我们所喜欢的。精选了自己中意的家具，没想到都是北欧风格。”为突显家具，内装就做得比较简约，明亮的橡木为底调，硬挺的沙发、靠垫、灯罩等又增添了几分严肃的氛围。

大门口、厨房、工作室的书架内壁色调加强也是亮点之一。聪美女士与工作相关的藏书较多，对书架很讲究。她说：“原本这里就决定用蓝色，因为只有白色和自然色的话显得太无趣，这样一弄就非常吸引眼球了。”

平时义人先生多待在工作室桌旁，聪美女士则窝在客厅沙发上。“这种不经意间的空间无缝对接感，正实现了我们的想象。”

工作室

工作室的地板是粗糙的水泥地。书架内壁刷上的亮蓝色给未加装饰的空间增添了明丽之感。

简单的素材装饰的室内，可巧用暖色旧物

书桌是用从宜家搜罗来的桌腿装上厨房烹饪台面板而制成的。脚边的带轮架子也是义人先生亲手制作的。

入户空间

大门口的墙壁刷成漂亮的绿色，涂料采用的都是 Benjamin Moore。“我们是现场请工作人员配色，调出我们想要的颜色。”主人说道。

光线透过工作室洒入大门内，未装入户三合土地面，直接在地板的垫子上换鞋。墙角的弧形靠背椅显得灵巧可爱。

卧室

二楼较宽敞的房间用作卧室。义人先生从老家拿来的椅子充当床头柜，床是无印良品的。

两人居家生活问答

Q：选择这栋楼的决定性因素是什么？
地理位置（朝南，楼前的路很宽）。

Q：买的非常有用、非常明智的家具或家电是什么？
“扫地机器人”（方便打扫），带干燥机的洗衣机（减少晒干的时间），折叠式桌子（有客人时可以展开）。

Q：有却根本不用，不要也行的家具或家电是什么？
洗碗机（方便倒是方便，可有的餐具放不进去，所以用得少）。

Q：二位如何分摊家务？
谁能做就由谁做。

Q：打扫卫生和洗衣服多久做一次？
打扫 --> 小面积打扫每天都做，大扫除则一周 1 次。洗衣服 --> 基本上每天都做。

Q：生活费中花费最大的是哪方面？
休闲支出（装备、旅行费用）。

Q：生活费中花费最省的是哪方面？
外出吃饭支出，保险费。

图 1 是卧室中摆放的玻璃门陈列柜，这也是二手货，里面陈列着义人先生的经典相机藏品。
图 2 是二楼卫生间入口处做的一个小小的洗手台。台面只装一个陶盆，精致简约。

●二手小别墅（自有）/约120m²

露台

兼作大门连廊的露台。拿出旧式灯笼和炉子，平时就可以享受户外烧烤的乐趣。

ROOM 03

金属、木、水泥交融的粗朴空间

T夫妇（爱知）

建于1974年的公寓，由eight design公司装修。两人都爱好骑自行车，休息日常一起骑车外出吃午餐或是逛街。

外露的水泥，黑色的钢筋，不锈钢职场系烹饪台，以及金属材质的家具。“我们很早以前就喜欢螺丝、螺栓等硬质工业制品。”主人如是说。难怪他们的家充满着浓厚的工厂气息。

如此硬朗的空间里，通过暖性灰泥和旧木的融合，打造出一个意味深长的空间。统一色调和用材的悬挂式厨房用具，装在各种容器中的干货和调料，露出封面陈列的杂志和书籍，等等，自然体现出一种收纳的设计美感，虽然粗朴，却透露出高雅的品位。

T夫妇的家透出一种苦涩中夹杂醇香的味道，关键是加入了植物及图书等可爱的物件，这样就使硬朗的设计柔软化了，从而更加充满魅力。“其次是安上彩色窗帘，给房间增强色感。”

走廊的灰泥墙打一处架子，整面墙都用作书架，收纳力超强。较为醒目的中间那层将书籍封面露出来摆放，很有咖啡馆的味道。

从大门隔着走廊望去的客厅和餐厅。开放式的架子使走廊给人开阔的印象，墙上的铁质开关也是亮点。

旧药瓶和空饮料瓶，以及主人母亲和主人自己的玻璃手工艺品等，素材一致，集中摆放。

餐厅和厨房

重口味厨房，跟喜欢做饭的主人非常搭。烹饪台里隐藏着家电配线，做成柜台式。出海捕乌贼用的大大的灯泡也相当搭配。

厂房风格

客厅的电脑桌一角。剥开壁纸是尽情外露的水泥，硬朗的感觉被灰泥墙及杉木地板柔化。

入户空间

浑然天成的粗朴、硬朗风格令人畅快

大门口一侧三合土地面的西式房间，打造成类似车库的空间。旧式杂物柜用作鞋柜。

客厅

灰泥墙往里是卧室，余白留得恰到好处，有意配上一张从外面淘来的小书桌和柳宗理（编者注：柳宗理是日本老一代工业设计师）蝴蝶形凳子，仿佛一幅大画卷。

两人居家生活问答

Q：选择这栋楼的决定性因素是什么？

地理位置和性价比。

Q：买的非常有用、非常明智的家具或家电是什么？

makita牌便携式吸尘器（充电时间短，灵活）。

Q：有却根本不用，不要也行的家具或家电是什么？

加湿器（某厂家产品，根本不能加湿）。

Q：二位如何分摊家务？

谁看到哪儿脏了就由谁打扫。

Q：打扫卫生和洗衣服多久做一次？

打扫-->一周1次。洗衣服-->一周2~3次。

Q：两人会约定做些什么事以放松身心？

嫌做饭麻烦的时候出去吃。

Q：两人共同的假日多以何种方式度过？

早饭一般吃得晚，中午过后骑自行车出去买东西和吃午饭，然后傍晚回家，做饭。

● 二手公寓（自有）/约68m²

卧室

“其他都很男性化，所以卧室想设计得可爱一点。”精选了一款 TAiGA 的枝形吊灯。

多彩流行风

东奔西走就为买到自己中意的沙发，结果在附近找到HALO制造的这一款。踏脚板做成的墙面架兼作展示架。由anesutowan公司装修。

ROOM 04

东西多、颜色杂也惬意的空间

梅村佳希先生和启子女士(爱知)

WOO工作室设计师佳希和启子夫妇，对美工很感兴趣，经常一起逛美术馆、博物馆。家里养了两只猫。

图 1 客厅的一个亮点是这块地毯，其名为“田园”。主人说喜欢其象征着天空、稻子、土地的寓意。

图 2 白箱子是银行工作人员所骑摩托车上的金属携带箱，用于存放宠物猫的食物之类的东西。

装修时尚、色彩斑斓的梅村夫妇的房子，让人一进门就不由得开心起来。帽子、背包、玩具和小工艺品等，各种鲜艳的物件到处点缀，给人生动活泼之感。“不喜欢冷冰冰的单调的感觉，所以不自觉地收集了好多色彩明丽的东西。”两个人都是那种不找到中意的东西不罢休的类型。文具也好，日用品也好，都是精挑细选来的。“我们想通过摆放自己喜欢的东西来表达个性，家本身装得简约就好。”

餐桌购于 francfranc，伊姆斯黑色椅稍显内敛。

餐厅

梅村夫妇的风格就是装修和陈列无章可循。但是，“搭配茶色沙发的靠垫在颜色上特意选了这款偏茶色的红色。蓝色等冷色系作为加强色稍稍用一点。”——体现了设计师独有的色彩掌控能力。

“我们觉得理想的家并非是样板房一般没有生活气息的，而是虽繁杂却有美感的。老早以前就在想该怎么装修才好，慢慢地发现房间里都摆上自己喜欢的东西后，东西再多也感到很惬意。”

骑山地自行车或是跑步用的各种背包，显得多姿多彩。加上宜家的犬形挂钩，卧室的白墙变得更为时尚了。

凳子腿设计风格迥异。“原本坐上去就感觉一般，索性把靠背锯掉，用作爱猫的垫脚凳了。”

“用途跟原来不一样，这点很有趣。”收集一些旧的连体邮箱，装在餐厅的墙面，里面装的是 CD。

图 1 靠着走廊的一面墙做一个鞋架，像是学校的木屐柜。这是客人进屋后最先惊呼绝妙的一个地方。
图 2“厕所是比较隐蔽的空间，但我们想给人一种明亮的感觉。”于是墙壁选了使人联想到草原的颜色，并用 Schleich 的动物们进行装饰。

门、地毯、小工艺品等，色彩斑斓，引人入胜。由于色彩搭配合理，所以即使颜色种类多，也给人清爽的感觉。

厨房

厨房贴上马赛克瓷砖，增添了个性，有点花哨，不过不失稳重成熟。锅和立架是在古董市场买的。

墙砖是佳希先生选的，由蓝、白、绿及奶白四色混合而成，可随意并排摆放平底锅之类的东西。

美国工厂所用旧木箱用来收纳调料。因带着小脚轮，所以不仅时尚而且用起来很方便。

两人居家生活问答

Q：选择这栋楼的决定性因素是什么？

街道氛围好，不是最顶层，而是三楼、四楼（防贼），带电梯（方便年老时使用），不是大型公寓群等，从满足这些条件的公寓里我们选了南面（阳台那面）横向较宽的这套。"

Q：买的非常有用、非常明智的家具或家电是什么？

HALO牌双人沙发（坐着很舒服，很实在，这两点很吸引我们），SHARP "EC-VX310-N" 低噪声低气压吸尘器（我们每天早晨7点要打扫卫生，那样会打扰邻居，但用这台比较安静的吸尘器就没有问题了）。

Q：二位如何分摊家务？

剖鱼、牛肉饼、蛋炒饭是丈夫做，洗碗是妻子做（猫坐膝盖上不走的话丈夫做），丢垃圾和打扫卫生由丈夫做。

Q：打扫卫生和洗衣服多久做一次？

每天都打扫卫生和洗衣服。

Q：两人会约定做些什么事以放松身心？

在心理负担和不满情绪出现之前就说出来。但是，这种时机很难把握。

Q：两人共同的假日多以何种方式度过？

上午做完打扫卫生和洗衣服等家务，然后去附近喜欢的店吃饭，接下来购物，去动物园、美术馆等，或是散散步。下午5点左右回家，做点精致的菜放松放松。

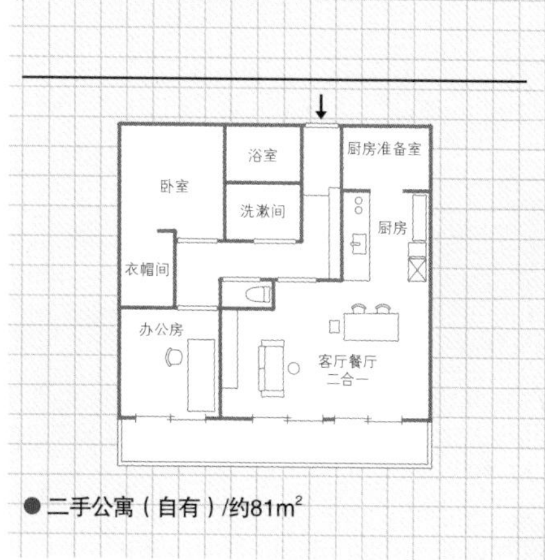

● 二手公寓（自有）/约81m²

日常用品直接成为有趣的装饰

拉门、隔扇都换新了，跟之前尺寸一样。过去房子的那种稍显低矮的设计也有一种怀旧感。

木板大门和透明树脂板房檐显出一种复古式的时髦。地面用砖块铺设，整体上有种和谐的趣味。

院子新建的宽宽的类似外廊的露台。夫妇俩经常和养狗的朋友们相聚于此，搞个烧烤呀，开个“长廊宴会”呀，等等。

ROOM 05

重装“爷爷的家”，以怀旧家居去繁求简

小仓夫妇(香川)

小仓夫妇一直都喜欢怀旧的东西。据说他们喜欢的一家店是由旧仓库改造成的咖啡厅。家里还养了一只叫“小胜”的法国斗牛犬。

客厅

松木地板用自然涂料刷过，墙粉成白色。在原有窗框前安了一扇木框拉门。沙发是在香川县“dodo”店买的。

小仓夫妇继承了小仓先生的爷爷的住房，这套48年房龄的平房别有味道，正好跟喜欢怀旧的夫妻俩合拍。但是“住进去后发现房间布局分得过细，不便居住，冬天又很冷”，所以决定参考以前的家的风格，将其重装成宜居住房。

撤去客厅、餐厅、厨房间隔的墙，用自然涂料刷松木地板，给人一种旧时学校教室的感觉。面向院子的木架拉门也是怀旧风格，其实是新做的。将木匠手工打好的门板嵌入铝窗框前面即可。

照明灯具选的简单款，力求不呈现浓厚的日式风格。木质柜子及架子也设计得比较雅致，所以即使用一些旧器物来装饰也并不显得太过沉重。一张怀旧沙发在这里也非常搭调。

宽敞的院子里新建一处类似外廊的露台，爱犬也悠然自得。据说主人每月会跟一些爱狗的朋友聚在一起，轻松自在地谈天说地。

客厅和餐厅

超强抗震的一间大房，开放式厨房前面定做了一个立柜，用烧酒瓶和杂志进行装饰，可以收纳东西。

摆放在地板上的是妻子腌制的梅酒。享受自制乐趣的慢生活，跟怀旧装潢非常匹配。

简单的木架子，陈列着爷爷留下的玻璃杯，以及夫妇俩买的和式陶器等，样样都是精挑细选来的。

客房

贴近慢生活的心仪旧物及怀旧拉门

朋友们可以住的和式房间。无边缘的榻榻米与深色的木质门窗形成的鲜明对比，营造出一种时髦的气息。

卫生间门的样式及白色涂料的质感，很像过去洋楼的风格。把手和锁等小零件也是精挑细选来的。

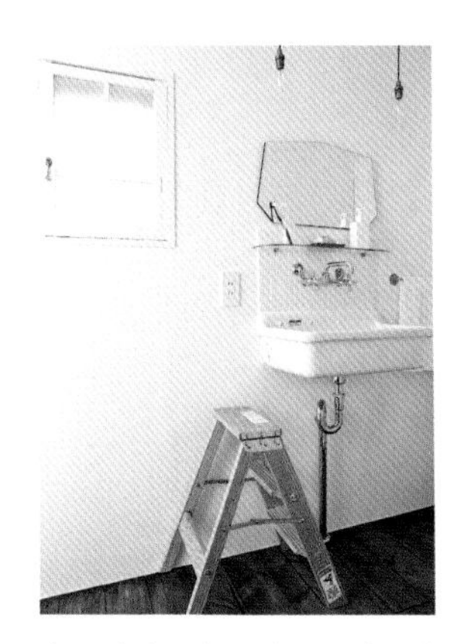

陶制洗涤盆安于墙上做成一个简单的洗脸盆，搭配水栓、镜子及电灯等温暖风格的器具。

以日本的留学生之家为蓝本，做成白色基调的卧室。重做的拉门所用的螺丝式的锁也很复古可爱。

两人居家生活问答

Q：二位刚开始一起生活时最不便的地方是什么？

搬家和整理。现在的家是住了半年左右才重新装修的，最开始搬了一次，再搬到临时住所，装好后又搬回来，一年搬了3次。3次搬家每次都清出大量要丢弃的东西。

Q：买的非常有用、非常明智的家具或家电是什么？

餐厅的蝴蝶形桌子。来客人了就可以把两边半圆状部分展开，这样人很多也坐得下，很方便。

Q：今后还想买什么家具或家电？

碾米机。想吃自己在家里碾的米。

Q：二位如何分摊家务？

丈夫丢垃圾，其他由妻子做（偶尔会叫丈夫帮忙）。

Q：打扫卫生和洗衣服多久做一次？

打扫卫生-->每天做一点。洗衣服-->每天1~2次。

Q：生活费中花费最大的是哪方面？

吃饭（常买无公害蔬菜，调味料也会买价钱虽贵但味道好的）。

Q：生活费中花费最省的是哪方面？

外出吃饭支出（常在家里吃，所以这一块不太花钱）。

Q：两人共同的假日多以何种方式度过？

早晨悠闲地喝完咖啡后商量去什么地方。遛完狗后去吃午饭，然后购物等。晚上在家自由自在地喝酒。

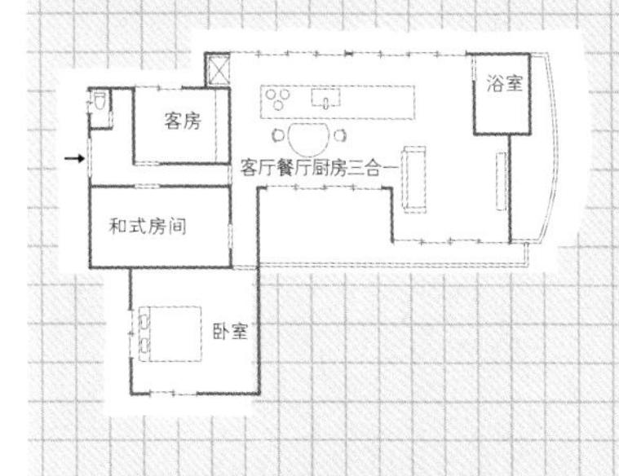

● **二手独门小楼（自有）/约100m^2**

餐厅这边是客厅。简单雅致的搭配中，红色地毯和墙上的绿色艺术品给房间锦上添花。

ROOM 06

加入男性化元素，呈现优雅高贵的法国风情

K夫妇（东京）

主人一眼看上了这套建于20世纪50年代的公寓怀旧而时尚的风格，所以对其进行了重新装修。装修主要是妻子负责，小件物品的安置由丈夫亲自打理。

客厅

人物肖像题材的靠垫和人体解剖图海报个性十足。咖啡桌是英国的复古款。

简约的法式或北欧风格的家具，带金属的小物件等，与充满个性的艺术品一起摆放，营造出一种富有男性魅力的气息，这就是K夫妇的家。

“我喜欢有味道的工业性的东西，也喜欢雅致的法式风。把自己喜欢的东西集中到一起，就自然形成了这种风格。”妻子如是说。一方面男性化物件吸引人的眼球，另一方面曲线式法式风格的照明灯及明亮色调的编织物等，又巧妙地加入了女性色彩。这种几何式家具使装修的艺术效果倍增，打造出如巴黎艺术之家一般的既时尚又充满个性的空间。

“我喜欢她选的东西。”男主人公对妻子的搭配方式百分之百信任。这种不够甜美但雅致大方的空间感觉，或许是使男性也能释放压力、倍感轻松的秘诀吧。

20世纪30年代的法国桌，配上工厂凳和奢华的木椅，还有花形吊灯和地毯——绝妙的混搭。

餐厅

天花板嵌板改装的装饰性镜子，加上北欧简约储物箱，呈现出新颖独特的混搭风。

北欧餐橱盛放着主人的得意碗碟。“摆放的格局由我丈夫来定。”女主人说。法式古董风扇现在还在用。

法式雅致风

不管国籍和年代，倍感惬意源于混搭的感觉

使人印象深刻的字母题材，"特意选了W。"五彩缤纷的地垫也给这个充满乐趣的卫生间加分不少。

"我很喜欢这种感觉。"妻子说。木柜中镶嵌着一个花色圆陶盆，这是法国农家式的可爱盥洗室。

厨房烹饪台前长椅上巧妙地摆放着植物和工艺品，厨房墙面也挂着裱好的旧地图和旧灯，显得十分雅致。

厨房

茶点时间，拿出珍藏的器具，如同置身咖啡馆。旧式油壶用于盛装酱油。

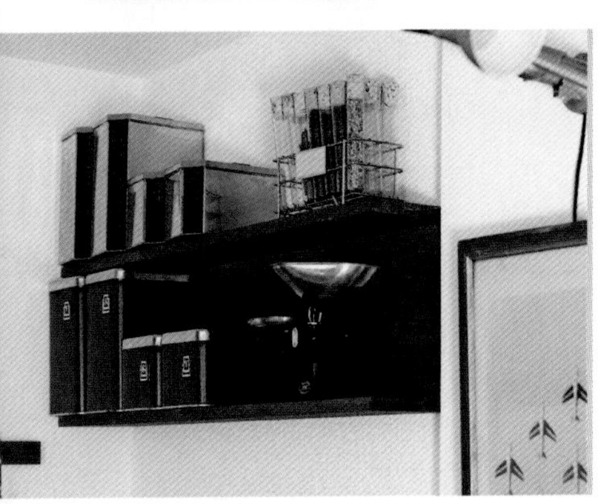

厨房小架上摆放着深色古董储物罐、秤及装入试管的调味料，显得沉稳而大方。

卧室

色彩鲜艳的 bagaille.被子给人温暖的感觉。面向外廊的窗户内侧装上了护窗。

古典相框都收集在这个小角落里，捡来的石头也可代替工艺品，给人一种自然、稳重的感觉。

可以展示枕头及床罩，又可用于收纳的房间一角，使房间显得更为干净整洁。

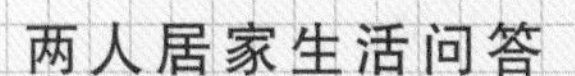

两人居家生活问答

Q：选择这栋楼的决定性因素是什么？

地理位置和房子大小。

Q：二位如何分摊家务？

家务都是妻子做，丢垃圾是丈夫做。

Q：打扫卫生和洗衣服多久做一次？

每天都打扫卫生和洗衣服。

Q：两人会约定做些什么事以放松身心？

不想做家务的时候不必勉强。

Q：两人共同的假日多以何种方式度过？

上午打扫，下午出去买菜和遛狗，傍晚喝酒。

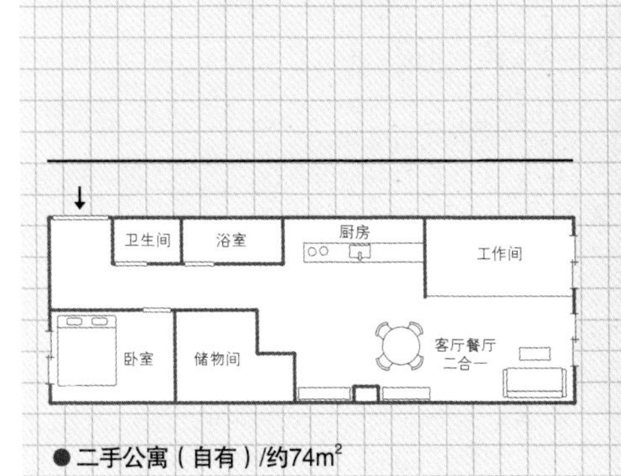

●二手公寓（自有）/约74m²

客厅

充当餐厅间隔的沙发是用宜家带华盖的床改装而成的。单色罩布是宜家拼接窗帘裁剪而成的。

CD 封面一目了然的小巧 CD 架，是托马斯先生设计的，Lisa Larson 的斗牛犬等可爱小物件随处可见。

ROOM 07

充满瑞典生活气息，色彩多样的居家生活

道田圣子女士和托马斯先生（兵库）

婚后，道田女士和瑞典建筑师托马斯先生一起创立了 I·design，还经营一家叫 loppislabo 的杂货店，还编著了《令人怀念的北欧的日子》一书。

夏季的几个月，夫妇俩喜欢在托马斯先生的故乡瑞典度过，婚后一直如此。接触当地原生态生活的道田女士，为装饰性编织品的魅力所折服。

“为了使冬天的家庭生活变得明快，我们采用了各种丰富的颜色和花纹，并因此一发不可收拾。怀旧元素和流行元素灵活运用于整个居室中。”用编织版画进行装饰，或是将编织品用于房间间隔，或是用作床罩或桌布，让人不禁为道田女士家的多姿多彩的编织品而深深吸引。

“颜色搭配后如感觉不自然就能马上改，这是编织品的魅力所在。我们就可以不受拘束，自由自在地享受搭配的乐趣。”道田女士说。

如果想不管配什么颜色都能较好地融合的话，墙壁的颜色需选用低调的蓝白或牡蛎色，地板使用素净木材，甚至刷成白色。季节和心情的变换都用编织品来表现。跳蚤市场淘来的小东西和买来玩的灯也强化了装修效果，使人非常愉快。这种设计风格自由灵活而又不失水准。

餐厅

“我喜欢布置餐桌也喜欢做饭。”女主人在这里开了一个烹饪课堂。宜家的碗柜上面装饰着日本旧衣铺淘来的 marimekko的经典版画。

瑞典风情

以瑞典“夏日小屋”为蓝本，由建筑师托马斯先生亲自设计。
透过大大的窗户，阳光充足，满眼尽是绿色。

五颜六色的布艺装饰，打造自由自在的空间

两人的纪念照片和绘画贴满一面墙。颜色多样、形状各异的相框随意拼贴，给人温暖的感觉。

卧室

Josef Frank 的经典——带内衬的床罩。偶然发现墙上的编织壁挂和柜子上的灯罩花纹竟然一致。

两人居家生活问答

Q：买的非常有用、非常明智的家具或家电是什么？

瑞典建筑师Nils Strinning 设计的Strinning 置物架，还有宜家带靠背的床（可当沙发用）。

Q：二位如何分摊家务？

做饭和买东西由妻子做，洗碗和丢垃圾是丈夫做。打扫卫生两人轮流做。

Q：生活费中花费最大的是哪方面？

吃饭。

Q：生活费中花费最省的是哪方面？

电费（因为是环保房）。

Q：两人会约定做些什么事以放松身心？

下午3点喝下午茶，然后散步。

Q：两人一起生活，感到最幸福的时刻是什么？

周末在家悠闲地吃饭。

● 住所形态：新建独门独户小楼（自有）/客厅、厨房、餐厅、工作室/约128m²。

工作室

二楼是两人的工作室，可以在这里修理从跳蚤市场买来的灯具，还可以做手工。

门口

小东西用可爱的盒子收纳。壁挂是以白桦和竹子为材料，由瑞典某艺术学校制作的。

架子及柜子上陈列的台灯大多是从跳蚤市场淘到的经典旧物。小鸟工艺品轻巧地置于灯上，不经意间添了几分趣味。

门口的长椅套是男主人用碎布拼接而成的。瑞典式的居家生活，随处可见主人的手工制品。

养眼！主题式两人小窝

ROOM 08 “书架”为主角的两人小窝

F夫妇（千叶）

小两口非常喜欢书，在客厅打造一个图书馆或书店似的书架是他们由来已久的梦想，重装二手公寓之际终于实现了。接下来的目标是把书架塞得满满的，但为了不使它有压迫感，架子的进深得做得浅一些。请的装修公司是“NU”。

客厅、餐厅、厨房做成三合一的开放式，地板材料分区设计。沙发和书架那里铺设触感较好的地毯，餐厅这边铺上漂亮木纹的橡木地板。

令人憧憬的图书馆！用书和艺术品打造阅读咖啡馆

图1 根据所放书的大小，算出最佳进深为29cm。两只鹿并不是书立，只是装饰品而已。

图2 刷了黑板漆的餐厅、厨房隔墙。兴趣所致拍的照片随意贴在墙上，像画廊一般。

图3、4 厨房和洗漱间的台子和书架一样都采用木纹合成树脂板。书架对强度要求高，厨房和洗漱台则对保养性能要求高。材料一致使整个空间看上去落落大方。

书架不仅有书香，还积淀着文化艺术的营养。书架背面露出水泥墙面，别有一番画廊风味。

ROOM 09

充满DIY乐趣的两人小窝

S夫妇(神奈川)

初见天鹅椅就完全臣服于北欧风的女主人，及高中时代就开始 DIY的男主人，两人在租住的公寓里享受着 DIY装修的乐趣。拆除隔扇，做成背景墙，混凝土地面铺上木地板，这装修点子实在不错。虽然是租的房子，但这种完全颠覆原样的创意真是难能可贵。

咖啡馆风格的桌子、柜子是男主人婚前做的。

去除隔扇，嵌入贴上壁纸的三合板，打造成背景墙。租房也快乐！

只要是自己喜欢的，北欧风格也好，咖啡馆风情也罢，全都DIY搞定！

图1 北欧风二手橱柜。掺入油斑做成“北欧家具色”，用专用工具将把手旋出等，各种细节非常到位。

图2 “在装修店看到一款中意的架子，就想着自己也做，于是做成了这款书架。”

图3 电视柜等家具先画出图纸，然后在建材超市切木头，再拿回家自己组装。地板是铺的 SPF 板材。

图4 给喜爱的篮子安一个家，还有这款穿衣镜，都是卧室的 DIY 作品。

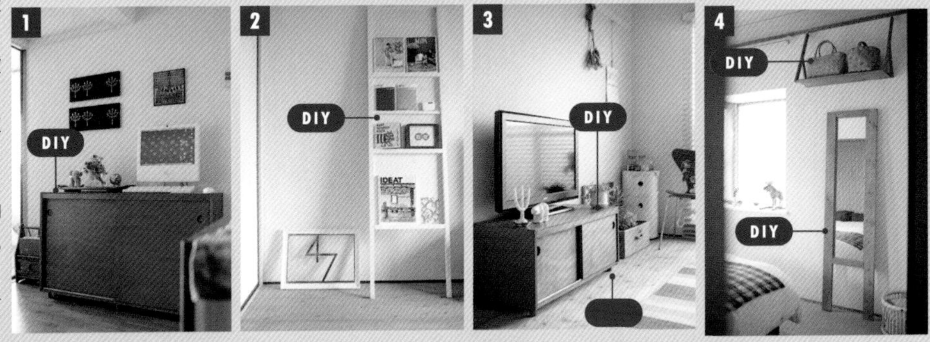

在网络广告公司工作的大辅先生和设计师彰子女士，平时工作繁忙，所以跟爱犬小芝麻一起的时间是最开心的。"所以我们的房子风格也要适合狗狗，让它也住得舒服。"在美发沙龙附近看到有公房出租，于是租下来 DIY，挑战一下自己心目中的装修风格。

ROOM 10

宠物也舒心的两人小窝

片桐大辅先生和彰子女士（东京）

防滑地板是特意为爱犬弄的。为防止狗狗淘气，插座安在离地面稍高些的位置。总的来说装修主题为北欧风加上法式休闲风。

营造适合爱犬的家

图 1 天空色调的主墙，以及入口处点缀其中的红色小家具。
图 2 夫妻共用的工作间。为节约成本，特地做成可移动的架子，并搭配手持小书桌。
图 3 使用蓝色的马赛克瓷砖，洗漱台显得干净整洁。"台子下藏着水槽，这只限于底部有空间的情况。"
图 4 充分利用楼梯间，给小芝麻做了一个窝，放置了一个放狗粮的收纳架。还特意定做了栅栏。

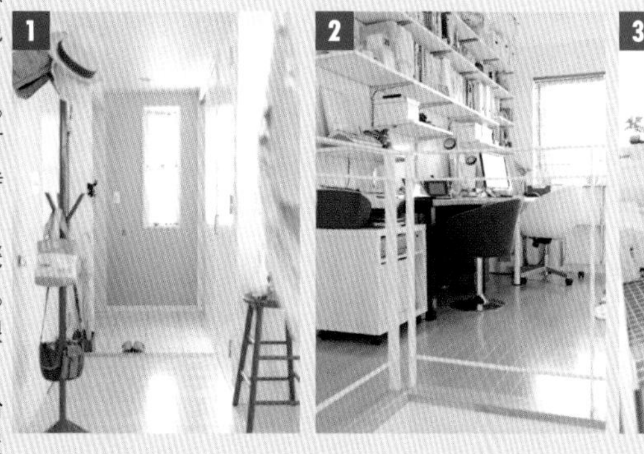

ROOM 11

钟爱无印良品的两人小窝

无印男士和无印女士

“设计很随意，使用很方便。”夫妇俩是无印良品的超级粉丝。他们充分利用无印良品的产品，将公寓中的一间房统一成白色系装修风格。主人的喜好经历流行风到亚洲系等一系列的变迁后，最终得出“简单的白色才最佳”的结论。“时尚，整洁，感觉很宽敞，也是其魅力所在。”

桌子实际上是无印良品的被炉。自己将木纹面板刷成白色。白色的皮面沙发和地垫倾斜放置给人一种无限延伸的感觉。明亮系地板是刚入住时就选好了的。

简约宽敞，清洁度高！白色的无印良品式装修

图1 墙壁自然色的横木刷成白色。透过窗户洒入的阳光，清爽白色空间里的绿色植物，给房间带来丝丝暖意。

图2 食材也尽量选用无印良品，小两口儿可真是铁杆粉丝啊。将食材换至简单的容器（也是无印良品的）里，方便收纳使用。

图3 无印良品的家电“有很实用的设计，又不过于生活化。很结实，用着好着呢”。

图4 工作间是按网吧风格设计的。桌子抽屉放了一块板，其进深加长了。

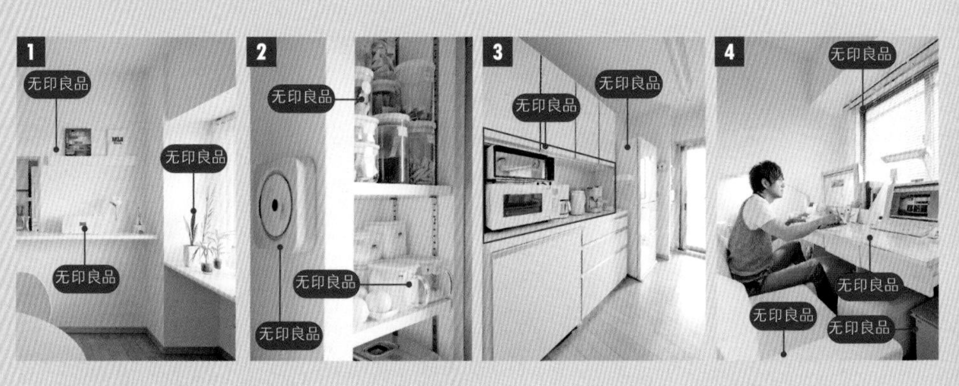

Part 2

适合朋友聚会的“人气之家”

自己的朋友，伴侣的朋友，两人共同的朋友——
两人结合，友人倍增。
渴望在令人赞叹的漂亮房子里与朋友一起欢度假日。

01 巴黎风的洋房里开个“自带食物”的时尚餐会吧！

山田昌史先生和美夏女士(东京)

今天的客人是昌史先生的同事及美夏女士的朋友。大厨，糕点师，花艺设计师，高手云集，合作非常愉快。

就职于婚庆公司的昌史先生和从事服装工作的美夏女士，他们请 NU 公司重新装修了旧公寓。

客人中的花艺设计师森女士说："我精选了搭配法式雅致风情房间的鲜花。"

"准备工作就是打扫卫生，摆放花卉，准备餐盘、玻璃杯和酒水。其他就拜托给朋友们啦。"

哇！烤得真不错！看上去好好吃。

图 1 大家带着食材和拿手菜欢聚一堂。
图 2 "即使是不讲客套的朋友间的聚会，菜肴也不能偷工减料哦。"樱田大厨说。
图 3 "在家里做好纸杯蛋糕，然后吃前加上装饰即可。"糕点师佐藤女士说。

单调简约的时尚巴黎风格，这就是山田夫妇的家。一个大大的阳台，像是把房间包围了一般，阳光充足，习习吹来的风让人感觉很舒服。只是某天约来知心好友聚于家中，没料想变成每月一次的自带食物聚餐会。

说是自带食物，其实是客人自己带上食材及使出各自的看家本领。山田夫妇的朋友圈都是大厨师、糕点师、花艺设计师等身怀绝技、各放异彩的专业人士。大家手拿玻璃杯一边攀谈一边吃——山田家的聚餐开始啦!

菜做好了，大家围着桌子开吃。即使有时要去厨房一下也能透过间隔窗看见餐厅的情景，有一种融为一体的感觉。 亮点之一的间隔窗，是美夏女士在装修书籍《地道巴黎人之家》中一见钟情的。从餐厅看过去的厨房，宛如巴黎的小餐馆一样。

"我们提供一个舒适的场所就是对客人最好的款待。"美夏女士如是说。客人也好主人也好，不互相讨好也不互相埋怨，大家都能开开心心地吃喝玩乐!

今日菜单

大家一起做的佳肴！
聚餐气氛十分热烈！

来自 Journal Standard Furniture 的餐桌，钢制面板很酷，将华丽的菜肴衬托得更加夺目。白色和玻璃餐盘简约大方，红色玻璃杯似乎演绎着圣诞气息。

从前菜开始，然后是主食、甜点以及餐桌鲜花，都一一呈现。每个人都使出自己的看家本领。

图 1 甜点是女士们裱花装饰后的纸杯蛋糕。

图 2 前菜意式生火腿卷棒。

图 3 樱田大厨做的烤全鸡。

黑色窗框有法式小餐馆的感觉。

"我喜欢一边在厨房做意大利面，一边看大家开心的笑脸。"昌史先生说。

吃了一阵之后，第二轮就是在阳台喝咖啡。大家在花花草草之中，舒适地攀谈。

大门口也可
随意待客。

门口处设置隔拉门有些挡视线，但还是会忍不住瞥向餐厅，瞅瞅聚餐的情景。

雪白的马赛克瓷砖台巴黎风十足，洗漱间显得非常干净卫生。这里还有带黑窗框的室内窗。

聚餐那天洗漱间也用鲜花装扮了一番，使人非常放松。主人还细心地准备了擦手巾。

02 围着舞台般的厨房吃喝玩乐！

前川宗周先生和郁子女士（神奈川）

三合一的客厅餐厅厨房的中心是一张大的烹饪台，主菜会在客人到齐后一边演示一边做。客人也可以自由地出入厨房参与做菜，这是一种参与型的聚会。

前川先生说，基本上会每月1~2次请朋友来家里热闹一番。夫妇俩都喜欢招待客人，据说这房子的设计主题就是“待客之家”。

请客时会事先想好一个主题，然后围绕该主题决定相关菜谱和小节目。“有了主题就方便挑选小礼品，大家参与的欲望也会更高！”据说客人们对此评价很高呢！附带说一下，今天的主题是“适合面包的菜肴”。

要使特意前来的客人满意而归，不留遗憾，使他们放松身心方面的准备工作是必不可少的。门口摆好颜色各异的平底皮拖鞋，收拾好杂志角，为留宿的客人备好一次性用品，等等。“但是，最重要的一点是要让客人没有顾虑！”郁子女士说。菜肴和酒水都是自助取用，厨房可以自由出入，使他们有种宾至如归的轻松感。

为初次见面的朋友安排互换礼物的开心环节，使他们能够无拘无束地融洽相处。“希望我家的聚会可以给客人们以心灵慰藉，使他们精神一振！”

这里的主人是喜欢款待客人的前川夫妇。这套住房的设计主题就是“待客之家”，是请 Nature Decor 公司设计的。

门口摆放着五颜六色的平底皮拖鞋，烘托出愉快、喜庆的气氛。

不用担心回家晚，住一宿也OK！前川家早就准备好了洗漱用品，包括一次性用品、家居服和美妆用品。

客人的心情大好。

食材及简单的前菜摆放在厨房台面上，一进屋就能看到，对食物的向往和期待之情也提升不少。

这样一处书报杂志角，累了可以在此稍事休息，初次见面的朋友也可以在此聊一聊。

摆好玻璃杯、冰块、茶、葡萄酒等的自助酒水台。“不过于张罗”也是让大家自由自在的关键之一。

厨房连着餐厅，白色基调的法式雅致空间。

自带小礼品都围绕“适合面包”这一主题

今天的主题是“适合面包的菜肴”。有限制才好选择，这点深受宾客们的好评。奶酪、砂锅菜等，面包的伙伴可真不少！葡萄酒也列为适合面包的“伴侣”之一。

在《Cap Japan》杂志任《东京大热的美味面包坊》专栏编辑的郁子女士热推的宝贝面包。

今日菜单

有聚会主题，看上去更有范儿！

图 1 自家做的油渍沙丁鱼罐头。新鲜沙丁鱼用橄榄油焖煮而成，分量很多，与切成薄片的长条面包十分搭。
图 2 番茄炖鸡肉，适度的酸味也跟面包很配。美味的炖菜很适合跟田园风法国面包以及口感筋道的面包一起吃。

03 大家一起做菜吃喝，厨房一片欢声笑语！

莲沼夫妇（爱知）

主角是250cm×90cm大小的，装修公司eight design的原材柜台。今天的宾客是作家佐藤女士，设计师蛯名女士一家。一进屋她们就系上围裙开工了！

FLANNEL SOFA的矮沙发有一部分没有靠背，哪头都可以坐，所以跟餐厅或厨房的人交谈也毫无不便。

● 简介

食物搭配师莲沼女士。活跃于电视、杂志等媒体，还参加各种活动，开设预约制烹饪课堂，从事食谱制作等。和身为公司职员的丈夫过着二人生活。

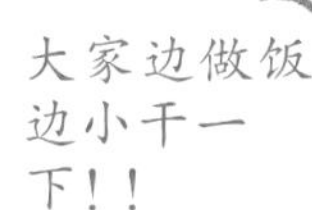

宽敞的开放式厨房里，谁都可以轻松帮忙。大家常常一边喝着葡萄酒一边做饭。

最先映入眼帘的是明亮的开放式厨房。这种岛式厨房的大台子让人想起咖啡馆。这就是食物搭配师莲沼女士的家。因工作关系，以前常有人在家里进出，如摄制人员，有时在家里边吃试制品边开会等。慢慢地家里的器具不断增多，地方就显得狭小了。所以特意买了一套公寓，并重新装修。

当初就希望以“人气之家”为主旨，打造一个“以厨房为中心的有品位的住房”。各种器具及烹饪工具像咖啡馆一样摆放在外面，然后中央位置做一张大台子以供朋友们一起热闹地做菜，开心地吃喝。

在这间隔极少的开放式空间里，谁都可以自由移动，也很容易融入做菜的气氛中。“这样一来，大家都来帮忙了。我也不用有顾虑，反而大家更容易聚在一起。这种感觉非常好。”

与大台子并排摆放着桌子，沙发也对着餐厅和厨房，在厨房忙活的人也好，休息的人也罢，大家都可以一起愉快地交谈，主人为此可真花了不少心思。

客人如带了孩子可随意坐在客厅角落的长凳上。男主人制作的带脚轮木质盒子里装着 CD。

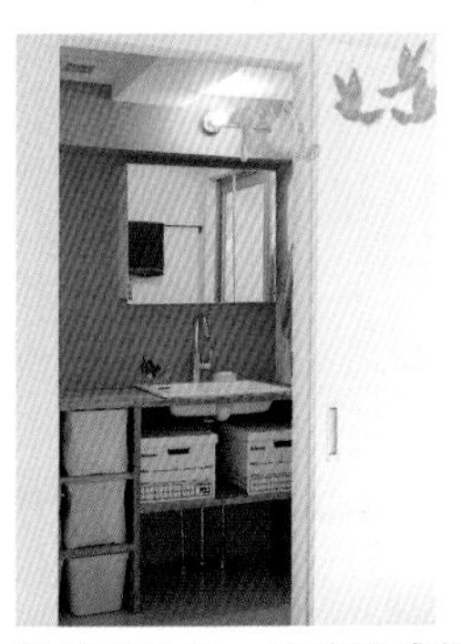

洗漱间只将一面墙刷成粉色，个性十足。可一直敞开的拉门使房门内一目了然，客人参观时也不会觉得唐突。

三人并排做饭也不显拥挤。一边高兴地聊天一边做，很快就做好了。厨房用具放在看得见的地方，很好找，所以初次做饭的人也操作自如。

因工作关系，莲沼女士有很多餐具。开放式架子以及墙面收纳，将“显现在外”和“隐藏在内”区分开来，避免杂乱无章。

“如此整齐有条理只是在正式午餐的时候。”在厨房边做边吃的时候比较多。

今日菜单

主客一起做 夏季意式菜

今天的菜单是加级鱼、杧果生牛肉片、奶酪和生火腿。莲沼女士教，大家一起做，还准备了介绍详尽的可爱食谱，方便宾客们回家做。为搭配鱼类菜，特意选了稍具烈性的白葡萄酒。天气较热，所以冰冻好了才给大家倒上。还为不会喝酒的朋友准备了自制柠檬水。

专栏1

深受宾客喜爱的待客小物件及创意装饰

“人气之家”的夫妇们，都深谙待客之道。这里收集了一些家庭聚会的好创意，供大家参考。

想放开肚子大喝时选这款！

3L 大容量盒装葡萄酒是大聚会之宝。这款 SANTA REGINA 价格也亲民！盒装的，丢垃圾时也很方便。（P42 前川夫妇）

好吃又可爱的手工装饰曲奇

小伞、小鸟等可爱造型的手工装饰曲奇，可当场拿来吃，也可带回家！此举深受孩子们的喜爱。（P45 莲沼夫妇）

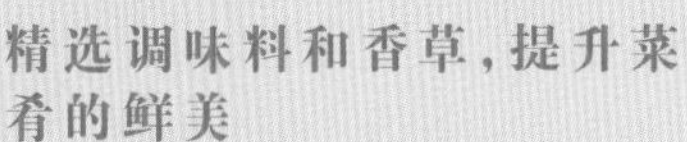

美味面包，谁都喜欢的魔法食品

“用贺俱乐部”的天然酵母面包，与芝士完美搭配。夹杂超多葡萄干，可代替甜点，聚会不可缺少它哟！（P42 前川夫妇）

才貌兼备的工具，款待客人时可大显身手

“维诺组合”的葡萄酒冷冻器，简单的耐热玻璃方平底盘，“V”形夹子，等等，招待客人得心应手，这些好看的工具要备好哦！（P38山田夫妇）

精选调味料和香草，提升菜肴的鲜美

法国 NOIVMOUTIER 海盐，MAILLE 白葡萄酒西洋醋，做沙拉极好。自家菜园的迷迭香，用来做烤肉、烤鱼再好不过。（P38 山田夫妇）

加入一些小节目，兴致也高涨！

布、盒子等自己不用的东西，可能有人用得着，拿到聚会上和大家交换礼物，享受跳蚤市场的乐趣，大家都称赞这个点子好。（P42 前川夫妇）

听着好听的音乐悠闲地享受美餐

背景音乐推荐 Clémentine 的“Couleur Café”，“Café Aprés-midi”的汇编CD、Jacques Tati的声道集等。（P38 山田夫妇）

Part 3

室内设计人员的两人小窝

每天接触时尚设计潮流的室内设计店老板和工作人员的房子是怎样的呢？想学绝招吗？这里向你展示五套时尚住房，为你开启创意宝库，绝对让你眼前一亮。

追求简约功能而精选的永大产业的不锈钢厨房，地板和墙壁都贴了名古屋马赛克工业的瓷砖。

图 1 常用工具按样式和质感排列，挂着收纳。可随取随用，看上去也很时尚。

图 2 不锈钢吊架是法国著名艺术家 Tsé Tsé associées 的作品，把平时常用的器皿放进去就可成为一道亮丽的风景。

NORDICO

速水Yoshiki先生和Madoka女士的家

和谐、简练的混搭风

● 人物简介

Yoshiki 先生在 NORDICO 店里上班，Madoka 女士在总公司作为装饰师负责杂货采购。两人都喜欢装饰房子，曾在新婚旅行时，买了一盏很大的照明灯，旅行全程都带着它。

● 关于NORDICO

围绕北欧时尚特色，加入各种品味，打造成“混搭风”，并以此为主题，设计出“一套别出心裁的房子”。

www.livinghouse.co.jp/(公司总部)

将一面墙刷成灰色，安上古董壁炉台和镜子，还有木框和蜡烛。枝形吊灯是 CEROTE ANTIQUES 的，旧式橱柜是 Journal Standard Furniture 制作的。

餐厅

人字形橡木地板显得非常雅致。“我们都喜欢款待客人”，所以在宜家买了一张三折的可伸展桌子。

速水夫妇俩都喜欢复古怀旧的东西。Yoshiki先生喜欢北欧风和美式风格，Madoka女士喜欢法式风格，两人偏向的风格稍有些不同。他们买了一套二手公寓，人字形花纹木地板，粉刷了的砖纹瓷砖等都灵活运用到装修中，还自己动手刷墙、做鞋柜等。这些跟两人的喜好都相配，营造出一个品位不凡又自然的空间。

然后，用两人喜欢的一些日用杂货点缀其中，就更显得时尚大方了。“装修店里的人一般都说‘多做减法很重要’，但是我们自己的房子就另说了。我们会按照自己的想法加入一些东西。”Madoka女士说。Yoshiki先生表示赞同，说：“我们不刻意隐藏一些生活杂物，家本来就是日常生活的工具。”

说到底，两人追求的是平常自然不矫揉造作。在装饰时，集中相似风格的东西，注重远看时装饰的效果，等等，这也许是装修店工作人员独有的装修技巧吧。再者，不统一色调，而是使其连接成一体。这也是不显杂乱的一个小窍门。

两人会一起翻阅装修杂志，分享各自搜到的网站，每天都交换信息，享受装修的乐趣。

不过于齐备，也不做“减法”，享受各种生活用品带来的乐趣！

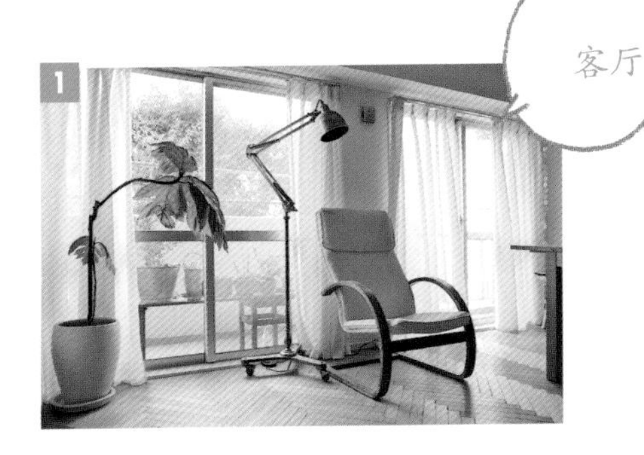

图 1 朋友给的扶手椅搭配 H.P.DECO 落地灯，略添硬朗之气。图 2 墙上挂的艺术品是新晋艺术家印成油画的作品。夫妻俩各自选了自己喜欢的作品。

鞋柜按 Madoka 女士描述的样子，学过木工的 Yoshiki 先生亲手制作的，全部刷黑，很有存在感。旁边的墙壁贴上木纹布，再加上星星及字母等小装饰品。

正面墙请 will 空间设计公司贴上深茶色的砖纹瓷砖，上方自己刷成白色，给人一种陈旧感。电视柜是将自己用旧材料加工成的木板放置于砖块上制成的。

厕所墙上贴了宜家买的相框花纹贴纸，搭配旧扑克牌。

自己亲手制作的架子放上书、酷爱的相机、房间清新剂等，给人质朴随意之感。餐具柜是 G–PLAN 的，沙发是 Hans J.Wegner 的设计。

以法国设计师 Jean Prouvé 的 EM 桌为主角的餐厅。“我喜欢工业性的东西，但光是一种类型未免单调强硬，所以加一些亚麻布和绿色植物可使其柔和一点”。

THE CONRAN SHOP& klala

泷泽时雄先生和绿子女士的家

简约中加入旧物件带来的柔美感

●人物简介

时雄先生在 THE CONRAN SHOP负责家具、杂货采购，兼经营 klala店，店长绿子女士以女性独有的感性辅助 klala的采购工作。

●关于 THE CONRAN SHOP

来自英国，充满 Terence Conran 个人风格的居家生活馆。此店的登场，给日本的装修行业带来戏剧性的品位提升。

●关于 klala

汇集国内外精选器具、亚麻布、日用品、复古品等。每两个月一次、于星期日举行的“SUNDAY MARKET”也大受欢迎。www.klala.net

清爽利落的空间里摆放着欧式古典家具及中世纪家具，这就是泷泽夫妇的家。暖性的旧式家具及到处点缀的植物，让人安心和舒适。

“如何选择家具和装饰品及如何装饰空间，这当然都是在CONRAN店里学的。”时雄先生如是说。在不断学习中于自己家进行实践，找到适合两人感觉的东西，那就是新旧混搭。重点突出旧式物件的同时，搭配高品质材料，打造优质生活空间。

不锈钢为主调，巧妙搭配木质材料的厨房。橱柜和面板来自宜家的“FAKTUN”系列。

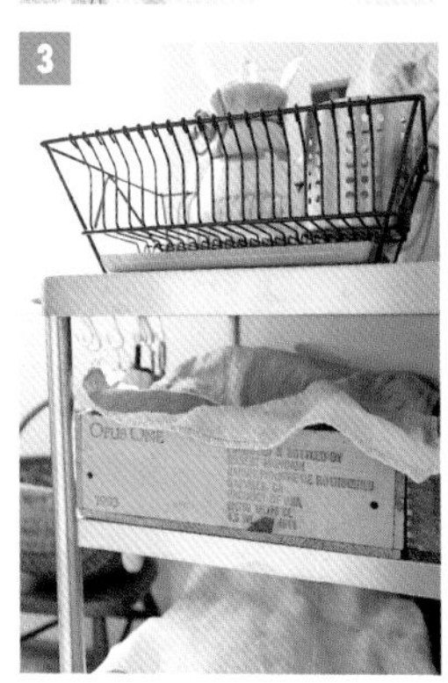

不锈钢、实木、布艺……生活用品按材质和颜色进行选择。
图 1 超级好用又中看的 Tsé Tsé associées 的 INDIAN KITCHEN 橱柜。
图 2 巴黎人气精品店 Merci 的纸袋。
图 3 宜家小手推车搭配木箱子用来存放食物。
图 4 R&D.M.Co 的亚麻布，布质柔软有弹性，很舒适。不只是用于厨房，也常用作手巾。

两人提到，他们工作的地方经常被很多东西包围。

“所以家里就希望像酒店一样简单清爽——当然这样说有点夸张，但是生活用品会尽量收起来，很中意的东西才摆在视线范围内。”绿子女士说。

“我们喜欢简单而功能强大的东西，但另一方面，直观上区分喜欢还是讨厌，好看还是不好看也是很重要的。”

当被问到打造时尚而舒适的空间的秘诀时，“我觉得看上去和用起来都让人感觉愉快的才是好的。”时雄先生说，“喝咖啡用自己中意的杯子喝比用普通杯子喝口感更好，而且也更开心。”

预留空间

这里本打算用作书房的，目前空置着。因面向里院，所以放把伊姆斯椅子暂用来休息放松。

客厅

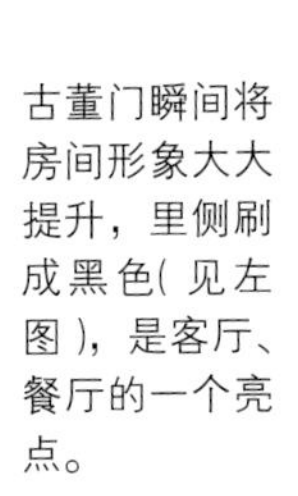

古董门瞬间将房间形象大大提升，里侧刷成黑色（见左图），是客厅、餐厅的一个亮点。

餐厅

“我喜欢简约、功能强大、设计灵活的东西。”沙发是来自丹麦的经典款。

卧室

梦想拥有一处海外小公寓

卧室尽量不放东西，简单就好。特精选触感好的亚麻床品。“一上床就感觉很舒服，一天的疲劳亦一扫而光。”要勤换床上用品以保持干净卫生，这种快干面料的麻质品绝对值得拥有。

化妆室

尽量控制露在外面的颜色数量，会显得清爽些。还有一个亮点是用鲜花装饰，可吸引人的视线，增添了几分轻松舒适感。

入户空间

门口的挂钩上挂着帽子、包包等，下面无意中摆放的小物件也色调一致，很漂亮。

贴着瓷砖的漂亮餐厅的一角。蝴蝶形桌子是RIVERGATE的定制品。面板稍窄，为了使椅子可自由进出，靠墙的那侧没有安桌腿，面板固定于墙上。

厨房

图 1 装修时厨房的橱柜面板和瓷砖都换了，外形设计较好的工具都收在可视位置。
图 2 自己公司的橡木架和钢制框组合的北欧风格墙架，陈列着自己喜欢的经典杂货。架子是活动式的，非常方便。
图 3 橱柜来自 MOMO natural 的 "VENT" 系列。这种适合男性房间的简约形式和橡木质感，与北欧风格不谋而合。

MOMO natural

石井夫妇的家

贴近自然的家具和用品，打造轻松愉悦的空间

●人物简介

男主人为 MOMO natural 的常务董事，又担任该公司内部装饰事业部 RIVERGATE 的设计师，是母公司"胁木工"的创始人。妻子美佳女士是该公司产品的忠实用户，后来进了该公司负责出版和杂货采购。

●关于 MOMO natural

销售使用松木和橡木制作的自然风格的原创家具及照明器具，共有 11 家店，分布于东京、名古屋、大阪、兵库、福冈。
www.momo-natural.co.jp

家装设计是怀旧复古品位的混搭风格，这就是石井夫妇的家。丈夫将15年房龄的一居室公寓于婚前重新装修。"当时正好是MOMO natural 装修项目启动之时，所以我家试验性地做了很多尝试。"

"我丈夫喜欢美式风格，我喜欢北欧风。"因此装修主题成为"喜欢北欧风的美国人的房子"。采用黄麻布、瓷砖、光洁橡木地板等设计出一个有品位的空间。

沙发大而简单，用靠垫来提亮。伸缩式壁灯是自己公司的。

客厅

12 张榻榻米席垫大小的客厅，铺了地毯，客人一多就可以坐地板。同事下班可来家里吃饭，也方便款待朋友，据说多的时候会有 15 人左右。

收敛色调的简约空间，衬托材质考究的家具和用品！

主打家具是MOMO natural的“VENT”系列，负责采购的石井先生将自己精选的简约自然的日用杂物，以及出差觅得的物件陈列其中。主人注重材质和颜色的选择，喜欢实木家具等自然材质的物件，以及绿色和黄色等可与自然材质相配的颜色。MOMO natural倡导的是“让人轻松自在的家具”及“使人迫切想回家的空间”。“我家的装修自然也是这样。”石井先生说，“店里的同事也经常来我家玩，有的还直接住下。”清爽的设计及暖色调的房子，让客人们都倍感轻松惬意。

MOMO natural旗下的儿童品牌 PIENIKOTI的写字台用作化妆台。

图 1 美佳女士珍藏的雪花玻璃球，是她因采购工作去国内外出差时一个个带回来的。
图 2 装着化妆品的是在丹麦买的木质香料盒。

卧室的衣橱是按照宜家的收纳系统而设计的，三面拉门都拉上就会显得清爽利落。

约 8 张榻榻米席垫大的卧室。橡木天花板和地板，贴了黄麻布的墙壁给人一种沉稳大方之感。床是 RIVERGATE 的定制品。蜡烛形的壁灯是在北欧买的。

图 1 住所是在四层建筑物的三楼和四楼。厨房最引人注目的是教堂式的拱形窗，毫无遮挡，光直接透进来。柜台上面整齐地吊列着在韩国买的灯。
图 2 窗下打制的餐具架。适宜的高度放上架板，取用餐具很方便，收纳力也超强。
图 3 炉灶旁放置的调味料。就算东西不多，放进篮子也清爽得多。
图 4 在京都古董市场觅得的大笊篱，可放入餐具沥水。

tit.

谷夫妇的家

被有故事的重要物件包围的微生活

● 人物简介

以 tit. 为首，经营着神户 8 家、京都 2 家手工艺品店、杂货店、旧货店等。体现两人审美意识和品位的各家店铺，在全国拥有众多粉丝，还出版了古旧杂货的材料集。

● 关于 tit.

融合成人成熟风和可爱风的服装、饰品、日用杂货的精品店。还开设手工艺品材料店 Rollo，日用杂货店 MAISON ET TRAVAIL 等。
www.tit-rollo.com

从楼梯口连接至平地的楼梯间墙上装饰着在比利时淘来的干花画框。男主人自制的黑色桌子可用来看书、写信等。

谷夫妇经营着位于神户的8家店铺，每天都很忙。两人非常喜欢神户，住所位于富于异国风情的北野的一栋四层楼里。两人只重视功能性较强的家具和日用杂物。比如，餐具架和书架打制成收纳能力超强的款，洗涤盆和炉灶只选用功能强大的日本产的。“我们在家的时间较短，所以我们更看重给人零压力的东西，而不是外表好看的东西。”另外，将旅行中觅得的艺术品及小物件都陈列在装饰架上。从窗户透进的柔光和徐徐海风一起，尽情拥抱整个空间，让人备感舒爽。

餐厅一角的墙上有一个装饰架，好似一幅画一般。陈列着从西班牙往法国南部旅行途中买回的东西。根据不同季节和心情，选择性地摆放自己喜爱的物件。

O.L.D.

今枝望先生和彩女士的家

人字形花纹地板为主打，洋溢着复古风情的混搭设计

●人物简介

房主人承接内装搭配项目，在名古屋经营着独创的家具品牌 ONE LITTLE DESIGN 及其直营店 O.L.D.，将 34 年房龄的公寓进行了装修。

●关于 O.L.D.

销售商品除独创家具之外，还有北欧复古风家具、日用杂货，甚至服装等，今枝夫妇精选的各款物件，已超越时代和地域，在此一一登场。
pridestudy.com

客厅

设计灵感来自 20 世纪 50 年代美国和北欧的房子。各国的东西混杂，但统一格调就显得魅力十足。

现代的、中世纪的，来自多个国家的家具汇集在一起，这是主人自己所创的混搭风格。AV 架和沙发是 ONE LITTLE DESIGN 的原创。

“人字形花纹地板为主角”的今枝夫妇的家。光洁的个性化橡木地板，精选匹配的家具。限制颜色的使用，用各种木材的颜色来营造一种热闹气氛。稍醒目的颜色就是靠垫和植物了。只需改变靠垫套及植物的颜色，就可轻松让房间变样。

北欧的日用杂货、非洲的篮子、美国的小物件等，各个角落混杂着各个年代和国籍的物品，但整体空间有一种独特的一致感。“秘诀是把相搭配的颜色和材质融合在一起。”稳重大方的配色加上暖性材料，与作为主角的地板相呼应，洋溢着心中预想的复古特色。

阳台

阳台由妻子负责。用手工做的木套罩住空调的室外机，还放了一面带框的镜子。

ONE LITTLE DESIGN的胡桃木餐桌。为突显地板的花纹，餐桌的面板采用黑色橡木。

穿墙而建的白色柜台，其设计使人想起酒吧。客厅、餐厅与厨房和谐对接，毫无冲突感。

放着巴塞罗那椅的一角，墙上挂着在北美生活的白尾鹿的角，地上放着非洲篮子等，营造出一种偏男性风味的野性空间。

专栏 2

跟室内设计人员学时尚陈列术

室内设计人员的家，值得效仿的场景很多。时尚陈列术，独家绝密!

大小各异的框架随意装扮

材质和大小各异的框架不规则地装饰，统一色调的话就不会显得杂乱。(P51 速水夫妇)

用花草愉悦心情

角落摆放新绿的植物，心情顿时大好。装修时如想加入某些色彩，绿色植物是屡试不爽的。(P59 石井夫妇)

干花及枝条，营造复古氛围

壁炉台前摆放高高的玻璃花瓶，搭配干花或枝条，营造一种雅致复古的氛围。(P51 速水夫妇)

“余白之美”是陈列成功的关键

架子上摆放饰物时，不要太满，留些余白是非常重要的。正因为是自己深爱的物品，才能细致认真地装扮，展现出其魅力。(P62 谷夫妇)

用动物摆件打造和谐一角

主人养狗的打算和乐趣，通过这个角落来快乐演绎。不只是家人，来访的客人们看到此景也会心情愉悦。(P55 泷泽夫妇)

收藏品按相同主题陈列

铁质小鹿、ROSENDAHL 公司的小熊等，根据一个主题将一些动物收纳于 窗台一角。(P64 今枝夫妇)

Part 4

住宅翻修，打造理想的两人小窝

越来越多的夫妇选择购买二手住宅，将其翻修成自己喜爱的风格，改成自己喜欢的品味，生活满意度也直线提升。

案例01

房龄11年/85.82m²的公寓装修

绪方干人先生和纱织女士（东京）

● 人物简介

骑自行车，追求时尚潮流，旅行……两人可谓兴趣广泛。非常喜欢香港，每年都要去那里血拼。

做饭是生活的中心，把厨房打造成主角

[餐厅] 烹饪台增大，餐桌为伸缩式，人多的时候可以展开。

装修前

厨房是以前流行的半封闭式，有隐秘感。

[厨房] 把厨房设在三面有窗，有阳光和自然风的舒适的地方。以宜家烹饪台及职场风柜台为基础，搭配特别定制的不锈钢面板和实木架构。

3m长的台子是厨房最精华的部分，绪方先生家的确体现了“厨房是生活的中心”这一主题。但据说装修之初厨房并不是重心。

“当然，那时也梦想着厨房做成这样。我们都喜欢青山一家叫DOWN THE STAIRS的咖啡馆，于是也想装成那样。”纱织女士说。

DOWN THE STAIRS是设计师Sonya Park经营的，由别有风味的实木、瓷砖以及钢架、不锈钢等打造而成，是一个充满现代气息的空间。这种风格也强烈体现在绪方夫妇的厨房中。

“慢慢地，两个人一起做饭，就希望能同时站下两个人，又觉得带炉子和洗涤槽的岛式柜台好棒。我平时会做做面包，所以又希望带烤箱，需求越来越多了。”纱织女士说。

绪方先生也说：“我也想要一张专业风格的不锈钢烹饪台。”

设计几经推敲变动，慢慢地两人意识到，“做饭吃”要成为生活的中心。

就这样，坚守开放式，将各种需求一一融合进去，于是打造成了这样一间理想的厨房。

独家绝密!

洗涤槽下是开放的，作为垃圾桶的固定位置。"这里是最佳位置。"

炉灶是HARMAN牌的，下面是做面包用的相同品牌的烤箱。

[厨房]

图1 以前一直使用的钢架竟然正好合适。自制一个卷帘，平时放下来遮挡。
图2 靠墙的柜子是绪方先生热切想要的专业风格的柜台。

[客厅和餐厅] 从厨房看去的样子。连续的空间通过家具搭配、跃式榻榻米将空间巧妙地分区。地板是光洁的金合欢木。

装修前

面向独立和式房间的客厅、餐厅。隔墙多，没有通透感。

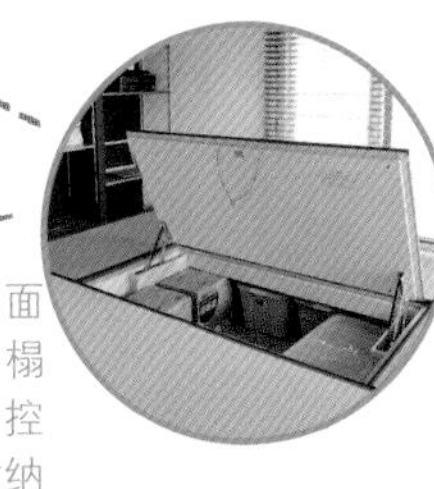

跃式地板下面是收纳空间，榻榻米可电动控制升降，可收纳很多东西，非常方便。

[客厅和餐厅] 榻榻米空间处书架的一角设置电脑，可以把脚放下去坐着上网。左手边窗前为纱织女士的化妆角。

榻榻米跃式地板，三合土地面入户空间，想法全都如愿

厨房作为重点自不用说，主人还希望客厅、厨房、餐厅是宽敞而连为一体的。而且想在其中做一处榻榻米地板。

“另外，希望有心爱的自行车放置的地方，还能将很多衣服和鞋子收纳整洁，要有色彩感，要贴上个性化的壁纸，等等，一个个需求一想到就告诉装修公司，他们不仅大都为我们实现了，而且加入了一些有趣的设计，真不愧是专业人士！”

跃式地板下面设置可移动收纳空间，巧妙利用其高度在书架一角设置一个电脑角，衣帽间可连通客厅，也可连通入户空间，好多巧妙的设计，生活变得好轻松。

有色彩感及想贴个性壁纸的需求，则通过走廊、卫生间、洗漱间等加以突出强调，一套超越理想的美好住房装好了。

[卫生间]

位置和大小保持原样。“原本就想贴大胆的动植物图案壁纸，这款我非常满意，但我妈妈看到很无语。”

[洗漱间]

享受洗漱的乐趣。使用名古屋马赛克工业五色 CORABEL 瓷砖，显得五彩缤纷。

[入户空间]

可放自行车的宽敞的三合土地面入户空间。两人非常喜欢时尚潮流。鞋架设成开放式，鞋子像鞋店一样陈列。

[衣帽间]

“就是喜欢买衣服。”四张多榻榻米席垫大小的衣帽间设计成回廊式，与客厅和大门口两边都相通。

[走廊]

门分别刷成红色（客厅、餐厅、厨房）、绿色（衣帽间）、白色（卫生间）、黄色（洗漱间），显得个性而时尚。“这也是我非常想要的。”

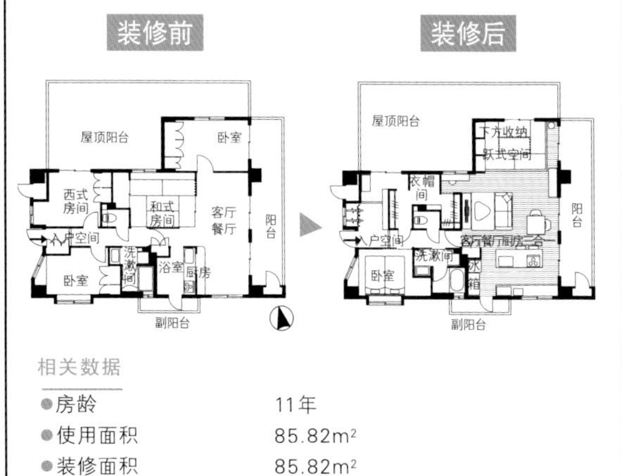

相关数据

●房龄	11年
●使用面积	85.82m²
●装修面积	85.82m²
●装修时间	2013年2~4月
●装修设计·施工	空间社　www.kukansha.com

案例02

房龄26年/约75m²的住宅装修

田村贵彦先生&香寿美女士（东京）

灵活发挥住宅区的长处，打造一个简约且富于变化的家

●人物简介

男主人为设计师，妻子为裁缝。他们在东京郊外某安静的住宅区，找到自己梦寐以求的住宅，并按自己的设计进行了装修。

身为casa bon住宅环境设计品牌设计师的田村贵彦和妻子香寿美女士按照自己的设计，将一套26年房龄的住宅进行了全方位装修。

“如果买地建房的话，费用肯定特别高，如果是装修二手住宅的话还可以承受。这或许是我们特有

的选择吧。”贵彦先生说。这点香寿美女士也赞同。

即使是公共住宅，选小区也要选“生活环境资源丰富的”，还希望通风、采光好，居住方便。另外，社区配套成熟，适合孩子成长的好环境也是很重要的。

卧室窗外风景。占地广，楼房间隔比较宽。

[餐厅和厨房] 巧用黑色调加强，空间充满现代气息，有种咖啡馆的气氛。

装修前

面向东南方向的原餐厅、厨房。按小区简约风格进行改装。

独家绝密

小区规定厨卫热水器不能放室外，因此用开了排气圆孔的门挡住，跟房间很搭。

[客厅]

两人喜欢的客厅是“简单，有点可爱”类型的。为节约成本而采用塑料地板，没想到给人非常自然的感觉。

[客厅]

图 1 坐着很舒服的 francfranc 的沙发。进深较大，所以没有压抑感，与墙壁的颜色也很搭，房间就显得很清爽。

图 2 椴木合成板的餐具架，是贵彦先生自行设计制造的。并排 2 张一样的就可以变更房间格局。

[餐厅和厨房] 餐桌由贵彦先生设计，由木匠打造而成。白座面椅是宜家的，木纹椅是无印良品的。

装修前

厨房位置不变，但有侧壁，成了半开放的空间。

装修计划要着眼于住宅宜居性及未来的生活方式

餐厅也好，厨房也罢，都很有特色，这就是田村夫妇的家。橱柜门的板材是由木纹细腻而漂亮的椴木合成板双色调打造成的，依照墙上橱柜的面板（240cm)尺寸进行设计，防止剩余材料多出，真不愧是善于控制成本的设计师的家。传统的“I”字形橱柜，还有家具材料及色彩的运用等，都给人一种咖啡馆的感觉。

洗涤槽的位置跟以前一样，但实际上是将墙打掉了，重新构置成通透的空间。原来的地板是在混凝土上直接铺的单层地板，后将地板装成双层，下面可自由走电线、煤气管、水管等。这样一来，即使将来生活有了变化，也不用大施工。“住房要满足不同时候的各种需求，这点我们也考虑过了。”

超大容量的衣帽间，兼具洗漱间往卧室的通道功能。充分利用有限空间让生活轨迹更为流畅，正所谓两全其美。

夫妻俩的喜好基本相同。总体简约大方，还点缀了一些让人放松、欢欣的元素。如您所见，简约的空间中加入木质物品及绿色植物等让人倍感轻松舒适的物件，才打造出如此理想的住宅。

[厨房] 厨房的设计和施工是 ekrea 公司（ekrea.IP）负责的。两种色调的门，显得时尚而雅致。

[入户空间]

为使门厅显得明亮且有开放式气息，餐厅隔墙采用玻璃材质。

独家绝密

玻璃隔墙还设置了竹帘屏风。来到大门口的客人可立即瞥见室内。

[衣帽间]

设计成回廊式流线型的“大家的衣橱”。除衣服以外还放了好多季节性物品。

[卧室]

一面墙壁刷成绿色，让人很放松，地板使用的是松木。正好能放下床的空间让人有一种幽闭、踏实之感。

[工作室]

书桌和书架组成的，与三合一的客厅餐厅厨房相连的开放式工作室。一张大桌子是香寿美女士裁剪衣服用的。她常常给外甥女做衣服。

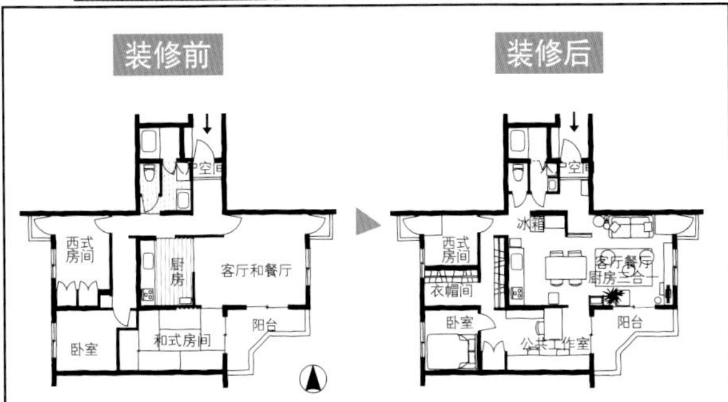

相关数据

- 房龄　26年
- 使用面积　约75m²
- 装修面积　约75m²
- 装修时间　2009年7~9月
- 装修设计　casa bon住宅环境设计　www.casabon.co.jp
- 装修施工　参创房屋装修　www.juutaku.co.jp

案例03

房龄35年/73.59m²的公寓装修

志村夫妇（埼玉）

35年房龄的公共住宅改造成美式旧楼

人物简介

两人决定结婚那阵，总在合适的时机碰到一些样式特别的二手物件。通过装修，房子大变样，成为理想居所。

装修前

餐厅、厨房所在位置之前是6张榻榻米席垫大小的和式房间。房间分隔后较为狭窄，有种压抑感。

蓝色墙为背景，餐具和调料摆放整齐，厨房很漂亮，像是咖啡馆的感觉。

［厨房］ 烹饪台设挡板，这样从客厅、餐厅就看不到台子。采用木质面板，刮痕、污垢不会太明显。

［工作间］ 以不能拆卸的结构墙隔出客厅的一角成为工作间。“因为两边有墙所以封闭性较好，我很喜欢这里。”

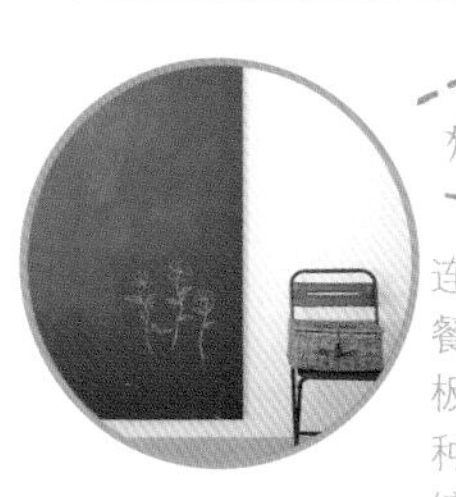

独家绝密

连接大门口的客厅餐厅厨房拉门用黑板涂料刷黑，有一种强有力的空间紧缩的时尚感。

［餐厅］ 用Journal Standard Furniture的实木和铁质家具搭配而成的餐桌椅。从大约 20种颜色中精选蓝色用于墙壁，与黑色家具非常配。

志村先生学生时代在杂志上看到blue studio的装修，就被其时髦且酷味十足的风格深深吸引了。“当时就想等自己有房了，也要用半旧物件尽情装饰。”

这套房购买后想装成20世纪60~70年代的美式旧楼风格，房间里放上Journal Standard Furniture的黄褐色沙发才合适，这点是必须保证的。

志村先生的家首先夺人眼球的是墙壁刷成鲜艳蓝色的漂亮的厨房。平时经常使用的餐具和烹饪工具都陈列在开放式架子上，有一种咖啡馆的味道，而朴实无华的照明灯又增添了另一种风味。占了很大面积的烹饪台及相同实木的地板，给人一种轻松的感觉。

相反，客厅是白色墙壁和灰色地毯，显得简约大方，虽与餐厅、厨房连成一体，但内装材料不同，间接地进行了分区。夫妇俩想要的Journal Standard Furniture沙发似乎一直放在那里，显得十分协调。

卧室和洗漱间等也遵循相同主题——“美式旧楼”风格。门把手及开关也讲究细节。总之，装修后的样子跟两人想象中的一致。

精细的设计，质朴的材质，打造超酷空间！

［客厅］ 白墙搭配浅灰的地毯，客厅显得简约大方。右手边是充分利用结构墙设置的工作间，靠着房柱还打了一处书架。

独家绝密

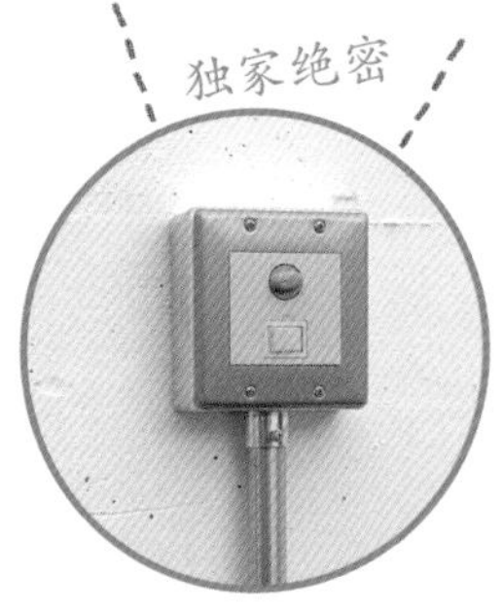

工厂特色的质朴开关充分体现“旧楼”风格，从这点可以看出志村先生所讲究的细节。

［卧室］

卧室两侧墙装上可调光式照明灯，演绎光的魅力。前面桌子放面镜子，就是妻子的化妆台了。

［衣帽间］

从入户空间、浴室、洗漱间到卧室都可以自由进出的衣帽间。还有放置洗衣机的地方，做家务不用跑这儿跑那儿，非常通畅。

［客厅］ 非常宽敞的客厅，考虑到空调的功效，将大约6张席垫大小的空间用玻璃门隔开。“将来作为儿童房也挺好的。”

[入户空间] 三合土地面，放鞋的开放式架子，营造出鞋店氛围的入户空间。

[洗漱间]

灰泥台搭配洗涤槽，开放式架子放入木盒可收纳物品，有种厂房的味道。

装修前

只装修一半的宽敞的门厅。后来将这里和里面的和式房间有效利用，改造成宽敞的餐厅厨房。

[卫生间]

厕所跟餐厅厨房装一样的橡木地板，改变坐便器的方向使空间显大，再安一个和地板颜色一致的装饰架。

独家绝密

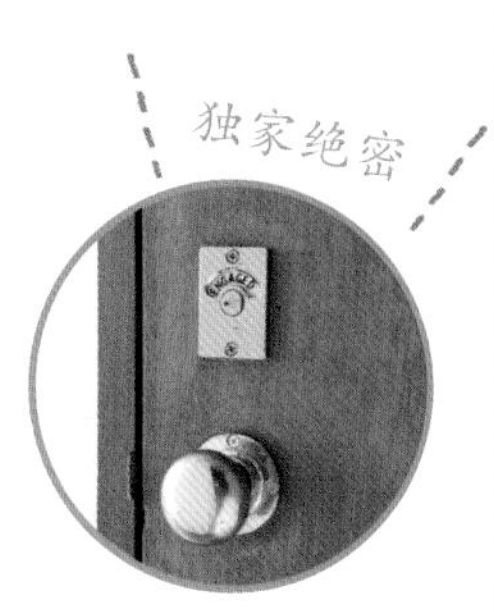

pacific furniture service 的黄铜门把手和锁，很有感觉！

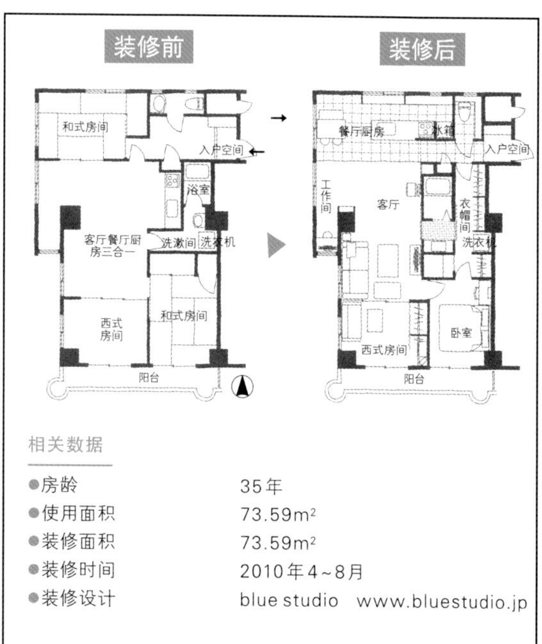

相关数据

- 房龄　35年
- 使用面积　73.59m²
- 装修面积　73.59m²
- 装修时间　2010年4~8月
- 装修设计　blue studio　www.bluestudio.jp

案例04

房龄32年/82.27m²的公寓装修

M夫妇（爱知）

爱好旅游的两口子的巴黎、纽约风理想住所

M夫妇都非常喜欢海外旅行。男主人婚前曾在加拿大居住过。“即使是老公寓，我也通过间接照明及一些别有风味的家具将日子过得有声有色。”一想到海外生活，内心就充满了无限憧憬。

“该买房了。”这还是妻子提议的。最初丈夫只找一些新楼盘，慢慢地知道了装修二手房这个方法，这种转变“比较现实”。几番周折，最后终于选定了现在的这套公寓和装修公司eight design。“这套公寓比较合适， 把多的预算都用于装修就好。 去参观eight design时，发现虽有点粗朴但也显得帅气。相信他们可以为我们打造一个理想的空间。”

这种理想空间，是指可以感受到巴黎的公寓和纽约的阁楼的风格，但是有的地方又显得比较粗朴的空间。首先要拆除墙，一部分水泥外露的墙面添加强调色，光洁的地板要斜着贴，门要选用复古门，等等，营造出一种外国风情。开放式客厅餐厅厨房三合一的设计也实现了。“本来弄好墙后，用三合土打造走廊空间也很特别，但是又喜欢把地板抬高这种三维设计。因为空间变得宽敞了，所以经常会在内装方面多花功夫。”

●人物简介

M夫妇搬到爱知县后，非常喜欢逛名古屋的装修店。两人和爱猫miru一起快乐地生活着。

[厨房]

铁框和不锈钢的eight design独创厨房。灰泥砌的墙，炉灶前的钢化玻璃都很酷。

[洗漱间]

使用 sanwa company的简约洗漱盆和金属水闸的独创洗漱台。镜子的背后还设有收纳空间。

[入户空间]

入户走廊旁边有一个大大的鞋架，回廊格局，可以直接通向厨房。

[餐厅] 餐厅、厨房以三合土地面为界分成高、低两部分。右边是大门，正面墙壁的后面是鞋柜。

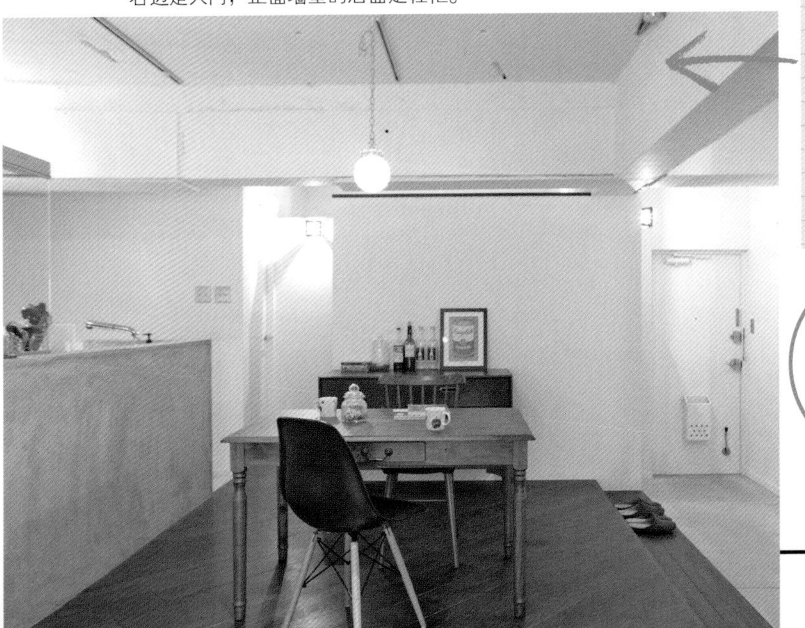

装修前

四居室的房子，房间间隔太多，让人感受不到畅通和宽敞。

独家绝密

“杂志上看到的这个猫洞和动画片《猫和老鼠》中的一样，很可爱。”爱猫miru也很喜欢。

[客厅餐厅厨房三合一]

拆除墙，打通成一个大间，这就是客厅餐厅厨房。斜向铺设的地板有一种强烈的视觉效果，感觉更宽敞。客厅那块空间摆放着 karimoku 60 的沙发和地毯，显得稳重大方。

装修前

窄长的客厅餐厅两侧有和式房间。将右边和式房间的墙壁拆除，再装修一处独立的厨房空间，从而打造出一个宽敞的客厅餐厅厨房三合一的大厅。

[卧室]

外露的水泥墙粉刷后给人一种外国旧楼的印象。只将一面墙刷成奶油黄褐色。

独家绝密

古董式卧室门是粉刷后再加工而成的新品。

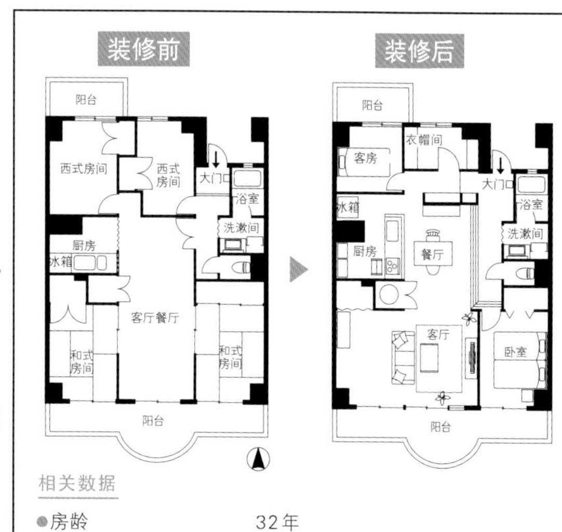

相关数据

- 房龄　32年
- 使用面积　82.27m²
- 装修面积　82.27m²
- 装修时间　2011年12月~2012年2月
- 装修设计　eight design　eightdesign.jp

案例05

房龄24年/90m²的公寓装修

菅村夫妇（大阪）

●人物简介

两口子工作非常忙，为了周末能在漂亮的新居度过，每天都辛勤打拼。丈夫的兴趣是音乐，所以客厅还设了DJ区。

成熟自然的风格，设计颇为讲究

菅村夫妇曾考虑过购买新公寓，但出于预算考虑还是选择了二手公寓，对其进行装修。设计公司是男主人的哥哥介绍的renoveru。“设计师都是相同年龄段的人，各种想法都可自由商讨，最后实现的装修效果是我们心中所要的。他们对我们半夜发的需求邮件也能立即回应，真的非常感谢他们这种及时迅速的处理方式。”另一方面，这对忙碌的夫妇也非常享受轻松装饰房子的乐趣呢。

内装设计及设备机器的选购是由从小就喜欢室内设计的男主人来负责。“读书时留学美国看到天窗换气扇觉得特别方便，当时就想着以后一定要用到自己的房子里。”采用有利于保护眼睛且使用寿命较长的LED灯及可调光式卤素灯泡等。装修时对照明系统非常重视，这也是菅村夫妇家的一个特色所在。

[客厅]

沙发是从东京目黑的装修店CALF定制的。埋头于书本也丝毫不累，坐着非常舒服。

独家绝密

采用LED灯作为走廊的小夜灯，照亮脚下。有了它回家晚了或半夜上厕所就非常安心。

装修前

铺着地毯的令人压抑的昏暗客厅。按男主人的想法装了一台天窗换气扇后，通风性能也得到改善。

[客厅和餐厅]

墙面的开放式架子陈列着自己喜欢的带唱片套的唱片和CD，地板换成橡木地板。

[入户空间]

一面墙安上大镜子，感觉很宽敞。“可以照镜子，可谓一举两得。”三合土地面上铺的是马赛克瓷砖。

[厨房]

厨房是 TOYO KITCHEN & LIVING 设计的，后面的厨房准备室“可以放很多东西，真的很方便。”菅村太太说。

[洗漱间]

定制了雪白的洗漱台，与厨房相邻，环绕式曲线设计使用非常方便。“通风良好，无论何时都很舒服。”

装修前

原来设计感和收纳力都一般，装修时将原有洗漱化妆台整个儿去掉。

独家绝密

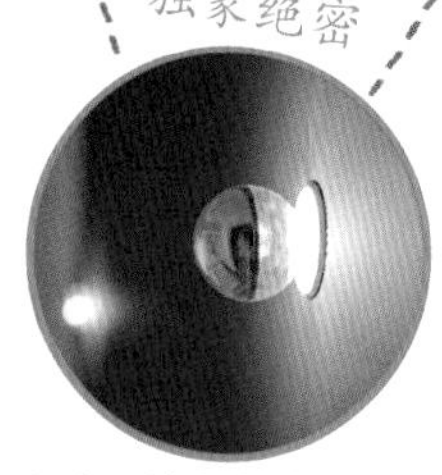

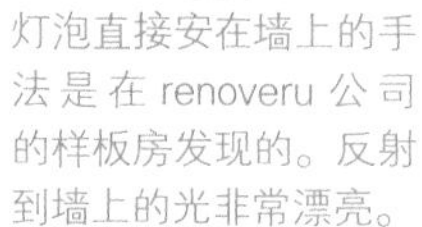

灯泡直接安在墙上的手法是在 renoveru 公司的样板房发现的。反射到墙上的光非常漂亮。

[卧室]

跟 renoveru 公司面谈时，看到一处样板间，以其为范例，将卧室整面墙刷成宁静的蓝色。

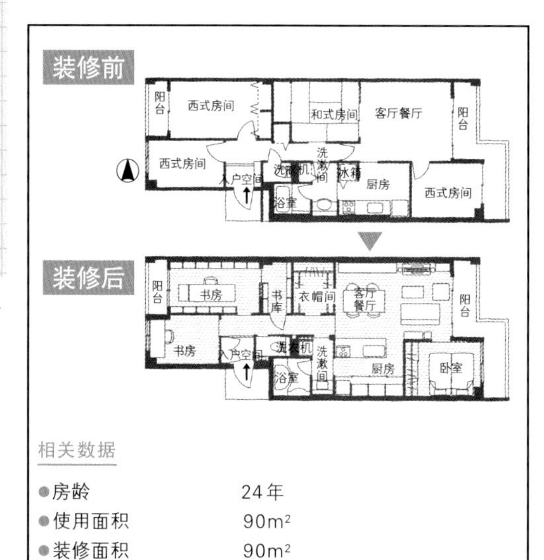

相关数据

- 房龄　24年
- 使用面积　90m²
- 装修面积　90m²
- 装修时间　2009年10~12月
- 装修设计·施工　renoveru　www.renoveru.jp

专栏 3

备受信赖的装修公司

附"给两人小窝的装修建议"

集中介绍P68~83所展示住宅的装修公司！
还谈到了打造"两人小窝"要注意的问题哟！

志村夫妇(P76)

选择 blue studio

和建筑师一起设计住宅

该公司已对500多所私人住宅进行了装修。公司会进行有关客户的生活方式、价值观方面的调查了解，从找房开始提供一站式服务进行理想住房的挑选和汇编等，持续提供各项服务，还为客户考虑资金计划以及预想今后的生活变化等，绝对是一家让人放心、安心的合作伙伴。

网址：www.bluestudio.jp

给两人小窝的装修建议

首先要考虑清楚居家生活的重心所在。房产公司不会有现成的物美价廉的住宅，所以必须针对楼盘的长处和短处、地理位置的潜在价值等，找专业人士进行沟通，务求多角度全方位把握。

M夫妇(P80)

选择 eight design

采用实木、钢铁、皮革等材质打造，彰显时尚品质

位于名古屋的专业装修的设计事务所。以"打造粗朴却有味道的家"为理念，提供特别材质构建的舒适空间方案。从搜寻二手房到资金规划，再到室内搭配，以及售后维修等，一系列服务非常到位。家具及拉门、隔扇制作，花园设计等方面也包括在内。

网址：eightdesign.jp

给两人小窝的装修建议

如将来可能搬家的话，建议购买易于出售或出租的车站附近的楼盘。住宅室内结构不要过于繁杂，要留些余白，今后生活方式有变也好改装。夫妻俩都上班而且比较忙的话，设置一处衣物晾晒空间会方便很多。

绪方夫妇(P68)

选择 空间社

以女性独有的眼光协助装修工作

该装修公司均衡考虑设计风格、实用性、成本这三方面因素，给客户提供最佳装修方案。女性设计师设计的家务空间格局及收纳体系，使住房舒适且便捷，深受客户好评。陪同客户购买二手住宅，并检测住房的抗震能力和持久性能，还能迅速处理工程结算及设计相关事宜。

网址：www.kukansha.com

给两人小窝的装修建议

最好考虑家庭成员构成变化及工作方式等因素，做好今后的生活规划后再买房。另外，繁忙的工作日的具体安排以及休息日的度过方式等生活节奏方面的问题，两人要认真商量，才能实现理想的住房格局。

菅村夫妇(P82)

选择 renoveru

样板房展示装修效果

从搜寻保值、增值二手房产，到设计、施工等，提供一条龙服务的专业装修公司。在仙台、东京、名古屋、大阪、福冈等地共有9处样板房，可通过样板房在真实的生活空间里感知建材、原材料的品质及舒适程度，还会举办一些竣工现场观摩会及装修基础讲座等。

网址：www.renoveru.jp

给两人小窝的装修建议

建议以"将住房打造成优质房产"为宗旨来进行装修。想要将来好出售的话，选车站附近的楼盘比较好。另外，格局最好具有可变性，以方便将来儿童房装隔墙。

田村夫妇(P72)

选择 casa bon 住宅环境设计

打造超人气且环保的宜居住

该集团公司不仅从事房屋装修，还从事独户住宅的设计工作。模拟再现光照方式通风通道，打造冬暖夏凉的宜居住宅。定制，手工家具的设计、制作等也可全受到国家优质住宅的先导行业人士及采业人士的一致好评。

网址：www.casabon.co.jp

给两人小窝的装修建议

孩子出生及与父母同住等因素，需要对房屋格局进行改装，所以在结构上必须保证房梁、房柱不能损坏。另外，水管不能独户修理，所以对房龄较老的楼盘要多加注意。

Part 5

适合两人小窝的家具

人气店
大推荐!

本节为您介绍室内设计人气店的主打家具。不管是小夫妻的新居，还是想重新装扮的美宅，总有一款吸引你!

表尺寸的字母含义：
W为横向长度，D为纵向长度，H为高度，SH为底座高度，ϕ 为直径长度

以融合新颖和怀旧混搭风格为概念，在现代生活中，提倡使用亲近自然的古旧家具。这里介绍整套使用旧材做成的家具，体现了高品质的基本生活方式。其中购于英国的古旧家具，具备丰富的中世纪优良特质，可在本公司工厂精心保养。

适合现代生活的英国古物

DOUBLEDAY

DOUBLEDAY西宫花园店
店址：兵库西宫市高松町14-2阪急西宫花园1F
电话：0798-62-4103
营业时间：10：00~21：00
休息日：不定
网址：www.doubleday.jp
*关西设有11家分店，关东4家，九州3家

1 光洁胡桃木，独有的暖意

使用胡桃木，于飞弹高山工厂里一点一点精心打造的ISADO系列桌子。可以看出打磨的痕迹，柿漆涂刷，手工制作特有的味道是其最大的魅力所在。“ISADO餐桌” W140cmD80cmH70cm

2 享受真皮品位的大号沙发

舒适的沙发，未经人工上色及压模，充分发挥真皮特有的品质精制而成。稍低的靠背，毫无压迫感。“OSCAR沙发” W185cm D86.6cmH71cm(SH36cm)

3 适合任何房间的基本款

法语意为“3”的TROIS沙发，足够3个成人坐，很舒服。大大的扶手可支撑身体。“TROIS沙发3人组” W190cmD86.5cmH76cm（SH40cm）

7 英国中世纪风格的家具

诞生于1953年，60年代风靡英国的G-Plan餐桌。采用高级柚木，面板为伸缩式，最多一周可坐6人。“G-Plan圆形伸缩桌” W122/168cmD122cm H74cm

4 旧材独特风味，质感十足

参考旧式医药柜，用杉木旧材做成的柜子。收纳小物件很方便，贴上姓名牌也很有趣！“JOKER柜12抽屉” W100cmD45cm H86.2cm

5 简单利落、优雅大方

不用多余装饰的椅子，不挑场所随心使用。贴合身体，靠背有适当弧度。黑色椅面充满现代气息。“MARK椅” W46.5cm D47.5cmH76cm（SH46.5cm）

6 感受木匠工艺和木质魅力

不用钉子，将光洁的胡桃木用传统古法榫接木材打造而成的长椅。此款是纪念新生活开始的推荐珍品。“ISADO长餐椅” W100cmD52cmH84.3cm（SH42cm）

可平价购得设计新颖的NOCE家具。沙发、椅子、餐桌为主打，款式多样，设计紧凑，非常适合两人小窝。北欧风、咖啡馆氛围、简约时尚风等，各种风格随心挑选，魅力无穷。从开始用它的那天开始，您就能真切感受到其和谐安宁、大方得体的设计美感。

合理实现您期待的装修效果

NOCE

NOCE涉谷店
店址：东京都涉谷区神南1-4-8神南渡边大厦1F
电话：03-5459-3638
营业时间：11：00~20：00
休息日：不定
网址：www.noce.co.jp
*东京都内及周边，关东有7家分店，近畿2家分店，札幌、仙台、新潟、名古屋、广岛、福冈各设1家分店

1

2

3

4

5

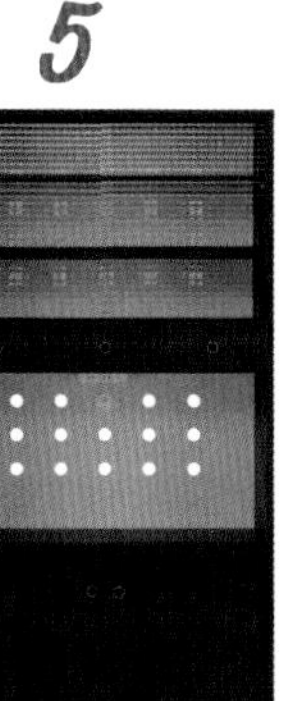

6

7

1 1桌4椅组合

材质美观的桌子及简单主轴椅的组合。桌面为圆角，有一种质朴而温暖的气息。“MK橡木餐桌餐椅组合”桌子W140cmD80cmH71cm，椅子均为W43cmD49cmH87cm（SH45cm）

2 收纳能力超群的实木电视柜

可放置电视机及各类生活用品。中间有抽屉，左右有拉门箱，方便整理软质物品。细长的柜脚，不会给人压迫感，打扫起来也很轻松。“KARUP TV台”W105cmD44.5cmH50.5cm

3 依照房间自由定制

靠垫可轻松拆卸的小型组合沙发。躺椅可左右交换，也可作为长软椅单独使用。“HY1558沙发”W156cmD70/120cmH68cm(SH40cm)

7 简练大方的北欧复古风

由设计结实的桌腿与轻薄桌面组合而成的桌子。因没有幕板，给人一种简练之感。面板由质感很好的胡桃木制成。“CROSSTON餐桌”W150cmD90cm H75cm

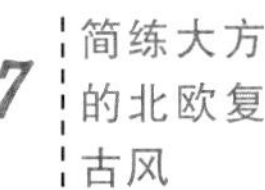

4 清爽的设计大受欢迎

木制扶手和绿色布料搭配而成的北欧风格。雅致胡桃木的色泽使房间显得沉稳大方。上货立即卖断，人气超高。“7182-08双人沙发”W115.5cmD74cmH70cm（SH38cm）

5 随心使用的小型柜

加工玻璃门，有种怀旧气息。中间格设有插座，可用作厨房小家电插电的固定位置。高165cm，减轻了高大柜子的压迫感，让人看到就开心。“ANALOGUE”W85cmD40cmH165cm

6 布料颜色提亮整个空间

水曲柳木外框与暖色调黄色的组合好可爱。有弹性，长时间坐在上面也不易疲惫。颜色还有绿色、蓝色、红色等。“RY42椅”W46.5cm D49cmH78cm（SH45cm）

最早介绍国内外高档家具的老店，汇集了北欧家具及欧洲人气单品。因设计独特的家具而广受好评，个性化的订单也可满足。按照房子的结构图，采用3D模拟软件，考虑装修细节，根据您的需求做出相关搭配方案。

提倡高品质而舒适的生活方式

ACTUS

ACTUS新宿店
店址：东京都新宿区新宿2-19-1 BYGS大厦1・2F
电话：03-3350-6011
营业时间：11:00~20:00
休息日：不定
网址：www.actus-interior.com
*青山、名古屋、京都、大阪、六甲、福冈等地有19家直营店，特约商铺4家，合作商铺32家

1 零压迫感的独创床

不挑床品花色，雅致色感超赞。不带床脚的设计使房间显得宽敞。床头板有图片所示的梯形，以及直板形两种。“FB BED LOW TYPE” W158cmD209cmH69cm

2 采用羽绒靠垫打造，舒适度无与伦比

丹麦老店品牌Eilersen为代表的沙发。填满羽绒的靠垫有很强的支撑感，魅力十足。“斯德哥尔摩沙发” W176cmD94cmH75cm（SH43cm）。弹性不同价格各异

3 设计简单，功能强大

既可当作客厅茶几，又可将面板拿掉当凳子用的原创产品。面板为托盘状，可自由搬动，非常适合两人喝茶！“桶状厚圆椅垫” ϕ45cmH31cm/ϕ60cmH31cm

4 可根据个人喜好的式样及颜色定制

抽屉及玻璃门等可自由组合的半定制柜。木材颜色是从14种颜色中选出来的，与地板木材等内装木材搭配非常自然。“FB电视柜” W150cmD45cmH49.9cm

5 光洁实木桌，品位提升

采用光洁木材打造而成的设计简单、百看不厌的桌子。精选图片所示的胡桃木等4种木材。W120~220cm，D60~100cm范围内可定制。“REN餐桌” W180cmD80cmH72cm。椅子另售

6 极富功能美的升降式桌子

Bauhaus的精髓通过家具如此展现，德国的TECTA公司生产的迷你型桌子。桌脚可插入沙发等家具下面，非常节省空间。面板为可移动式，很方便。“K22边桌” W60cmD45cmH46~65cm

7 质朴而温馨的北欧设计

独创沙发，光洁的水曲柳木沙发脚，让人感受到简练大方的北欧风格。可按个人喜好自由搭配。“POTHOS双人沙发” W180cmD77cmH73.4cm（SH40.5cm）

该品牌诞生于1975年，最初是以古董商的身份起家。其室内设计产品首次亮相是在东京。以“追求生活，享受‘美’的生活”为主题，不拘泥于特定类型，一贯提倡高品位的设计风格。与国内外设计师联手打造的原创家具，如“MoMA”等，甚至被列为世界美术馆的永久藏品。个性十足、经久耐用的设计广受欢迎。

充满居家生活魅力的独创家具

IDÉE SHOP

IDÉE SHOP自由之丘店
店址：东京都目黑区自由之丘2-16-29
电话：03-5701-7555
营业时间：周一至周五11：30~20：00，周六、周日及节假日11：00~20：00
休息日：全年无休
网址：www.idee.co.jp
*除此之外，东京区域范围内设有9家店，大阪梅田有1家分店。2014年3月20日于COREDO室町3（东京・日本桥）、LUMINE新宿1（东京・新宿）的新店开业

1 房间主角，快乐的斗柜

颜色、大小各异的抽屉组合而成的特色柜子。脚下的空间可灵活使用。抽屉没有把手，可直接抽出。“等高斗柜 自然白”W120cmD40cmH72cm

2 个性化轮廓和木制脚的绝妙平衡

产品设计师冈岛要氏的设计。小型身躯，坐着很舒服。躺着时，脚可以伸展开来。“kai”为夏威夷语“海”的意思。“海沙发 黄绿”W156cm D75cmH71.7cm(SH40cm)

3 感受北欧前沿设计风格的伸缩式桌子

现代北欧设计代表设计师Jonas Lindvall的伸缩式桌子。白水曲柳木营造自然气息，给房间带来无比舒适感。“TAMPT TABLE” W85~135cmD80cmH72.5cm

7 朴实无华的新中性设计椅

使用比利时制造的上等布料及光洁的橡木打造而成。雅致蓝色有助于提亮房间。由比利时设计师Marina Bautier设计，还有灰色款。“高脚椅 蓝色”W41cm D46.1cmH74.5cm (SH45cm)

4 设计新颖大方，简约时尚

光滑的冰铜质感的钢制外框，安上放鞋、包的隔板，即成简约大方的衣挂。实木部分的颜色还有棕色。“竿式衣挂 自然色”W90cmD40.5cmH150cm

5 实木和铁材的超酷组合，人气十足的原材独制床

柔和的实木情怀及黑色铁框的完美组合酷感十足。床头板上有放闹钟和书等东西的地方，非常方便。“Panca bed semi double”W123cm D209cmH62cm。床垫另售

6 高跷一样的桌脚好可爱

比利时设计师Marina Bautier所设计的“STILT”(高跷)系列作品。其设计魅力在于简约，富于功能美。“STILT SIDEBOARD L白色” W141cmD44cmH60cm

以“不与他似，打造自我特色的舒适空间”为主题，推广原创室内设计样式的人气店。充分发挥实木独有的韵味，于简约中不断吸收当代特色元素，让人心生怀旧与向往之情，越用越喜欢；更吸引人的是，价格、大小、设计工艺等方面均适中，非常适合两人小窝。

暖性家具打造充满两人气息的房间

unico

unico代官山
店址：东京都涉谷区惠比寿西1-34-23代官山TOKI大楼
电话：03-3477-2205
营业时间：11：00~20：00
休息日：不定
网址：www.unico-lifestyle.com
*北海道到九州全国范围共设28家店

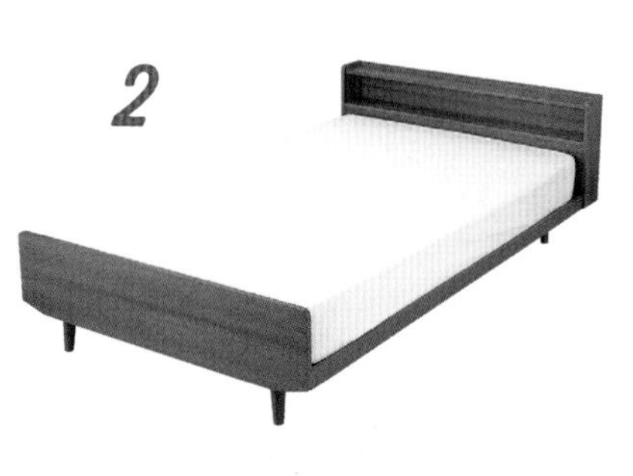

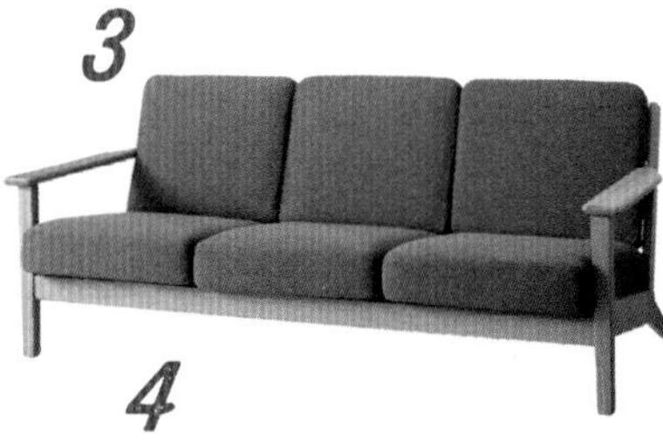

1 精于细节，设计考究

玻璃门架子处可收纳自己喜欢的餐具，中间的滑动架可放面包机等，滑动架面板采用强防水性能的覆膜装饰木板，打理也非常简单。“SIGNE橱柜” W119cmD45cmH180.5cm

2 怀旧经典，北欧风格床架

床头板兼作便利的架子，可放一些小东西。有图片上这种暖色调的柚木款，也有稳重大方的胡桃木款。“ALB ERO双人床 柚木” W145cm D214cmH63cm。床垫另售

3 融合北欧风格的体贴设计

追求舒适坐感，日本产。背面的线条优美，可放于房间中央作间隔使用。清洁卫生，沙发套可随时清洗。“VISKA 蒙套沙发 3座” W178cmD82cmH73.5cm（SH38cm）

7 蝴蝶式桌子（配椅子），招待客人的法宝

适合有限空间的小型蝴蝶形桌子，可根据人数灵活使用。椅子简约且充满独特魅力。“KURT蝶形桌子 棕色” W86~132cmD78cmH73cm “FIX 餐椅 棕色 布椅面” W44cmD53cmH75.5cm（SH45cm）

4 兼备功能性，开缝是亮点

天然实木、开缝设计的漂亮AV（A=Audio音频，V=Vidio视频）柜。因开了缝，所以柜门关上也可以遥控，还能防止AV机内部散热不良。“LIJN AV矮柜 W1200” W120cm D43cmH34.5cm

5 松松软软地全包围，坐感首屈一指！

大容量沙发“MOLN”，瑞典语为“云”的意思。不只是坐着舒服，宁静质感的真皮越坐越有味道。“MOLN皮沙发 3座” W190cm D86cmH75cm(SH42cm)

6 呆板无趣的电视周围瞬间变得温柔可爱

以暖性实木及可爱的桌脚设计为重点的AV柜。门是小巧的拉门式。还有适合大屏电视的宽160cm的款。“ALB ERO AV柜 W1200” W120cmD42cmH42.5cm karimoku始创于1940年，固守日本工艺工作室特有的诚信品质，其产品中不乏20世纪80年代以来一直生产的经典家具。2002年，karimoku推出了全新品牌karimoku 60，精选出最具20世纪60年代特征的家具，不为流行趋势左右，其美观设计深受男女老少欢迎。根据当时日本住宅情况设计而成的小型家具，于现代公寓而言同样非常适用。

越用越喜欢的耐用居家设计

karimoku 60

karimoku 60官方店新宿店
店址：东京都新宿区新宿4-2-23新四curumu大楼1F
电话：03-5919-2890
营业时间：11：00~20：00
休息日：全年无休
网址：www.karimoku60.jp
*lalaport、丰洲及西宫花园均设有分店

1 大电视也能放的简洁款矮脚柜

面板可承重75kg，柜长达150cm,可放下一台大电视。背面设有电线孔及安放多余线缆的空间。带脚设计即便是大电视也给人清爽利落之感，易于打扫也是其优点之一。“矮脚柜”W150cmD40cmH45cm

2 与沙发绝配的客厅茶几

可作为“K长椅”配套的待客茶几。其设计高度非常适合放置饮料茶水。面板为耐热耐压的密胺树脂装饰板，带搁架，可收纳遥控器、杂志等小物件。“桌子(小号)”W90cmD43cmH48cm

3 用途广泛的便利凳

小巧却结实。客厅、餐厅之外，大门口及厨房、卧室等到处都适用。4根凳腿可叠放，所以不用时可随处收纳。“可堆叠木凳”W47cmD41.5cmH44.5cm（SH42.5cm）

7 纽扣压制的菱形纹设计彰显高品质

采用富于弹力、经久耐用的本国产绒面毛毯布（起绒织物）制成。手感好，有光泽，使房间看起来稳重而气派。坐垫比一张榻榻米席垫稍小一点，可轻松坐下3个成人。“大厅长椅3座”W174cmD78cm H73cm（SH39cm）

4 品牌人气，经典家具

自1962年诞生以来，一直秉承原样设计。小型设计，房间不宽敞也能放下，足够两个人坐。座面及扶手等零部件都是可更换设计。“K长椅2座”W133cmD70cmH70cm(SH37cm)

5 坐感舒适，久坐不累

座板使用减轻腰部负担的聚酯网状弹簧，靠背角度适合人体曲线,超凡的舒适感给您无比的享受。“无扶手餐椅”W49cmD53cmH78cm（SH43cm）

6 开放感十足的简易设计

修长形面板和桌腿完美组合的简洁设计。无幕板，面板下空间大，扶手椅可轻松推入。桌腿可拆卸，是经常搬家的家庭之必备法宝。“餐桌1300”W130cmD80cmH70cm

以“简单、自然”为设计理念，各类家具和日用杂货一应俱全的家居生活馆。其中最具人气的是集高品质与好性能为一体的原创家具。提倡和推广可根据空间自由组合设计的多功能墙面收纳体系，以合理的价格实现完美效果。

简洁设计好人气

KEYUCA

KEYUCA青山店
店址：东京都港区北青山3-11-7 Ao大楼3F
电话：03-6419-7961
营业时间：11：00~20：00
休息日：不定
网址：www.keyuca.com
*首都圈周边关西、东海、仙台等地设有57家分店

1 朴素而雅致的格纹

靠背和扶手边缘都蒙上格纹布的高品质沙发。棕色格纹富于稳重气息。“Garnet sofa 2.5人款” W163cmD84cmH84cm(SH46.5cm)

2 自然品质提升厨房魅力

充满实木质感的简洁设计。柜门及前板由拥有漂亮木纹的光洁橡木制成，面板采用防水装饰木板，美观大方又方便清洁。“TIMO橱柜105” W104.5cmD45cmH180cm

3 客厅法宝之带搁架矮桌

面板采用光洁的胡桃木打造而成，圆角设计，外形美观的矮桌。面板下面的搁架方便收纳小物件。还有光洁橡木款。“光洁实木平纹矮桌 MN色” W102cmD48.4cmH41cm

4 上等光洁木材独有的触感

清清爽爽2根桌腿的桌子。无过度加工，采用光洁橡木突显高品质的非凡魅力。用久了色调会渐渐加深，对它的爱也会持续提升。“光洁Halno餐桌” W135cmD75cmH67cm

5 轻快的床头板魅力十足

网格状床头板演绎灵动的现代卧室气息。床头板上部有一条宽宽的搁板，可以放手机等小物件。带两孔插座。“荷兰双人床” W140.6cm D215.5cmH79.6cm。床垫另售

6 木质框架，给人深刻印象的沙发

皮革与木框完美融合的独特的2.5人座沙发。外形虽小巧，皮革制品所带来的舒适坐感却毫不逊色。稍高的沙发脚易于清扫，给人轻快之感。“卡斯特鲁普沙发2.5P” W160cm D79cmH85cm（SH45cm）

7 充满橡木质感魅力的超人气系列家具

超人气“平纹”系列家具组合实例。多使用质朴而美观的橡木，给室内增添丝丝温情。收纳能力也超群。右起“平纹电视柜” W40cm D46.1cmH81cm，“同系列电视组合柜160” W160cm D46.1cmH42.9cm，“同系列电视储物柜” W40cmD45cm H81cm

人气服装品牌“Journal Standard”的室内设计店。拥有独具男性色彩的经典复古款原创家具，欧洲各国精选旧式家具，以及国内外时尚流行名品等，不拘泥于特定品种，充满粗朴而自由奔放的魅力。能为客户提供时尚风格以及引领潮流的混搭风格的设计方案。

提供引领潮流的混搭风格方案

Journal Standard Furniture

Journal Standard Furniture吉祥寺店
店址：东京都武藏野市吉祥寺本町2-10-5 1F
电话：0422-23-6071
营业时间：11：00~20：00
休息日：不定
网址：www.js-furniture.jp
*涉谷、Minato Mirai、梅田大阪等地设有分店

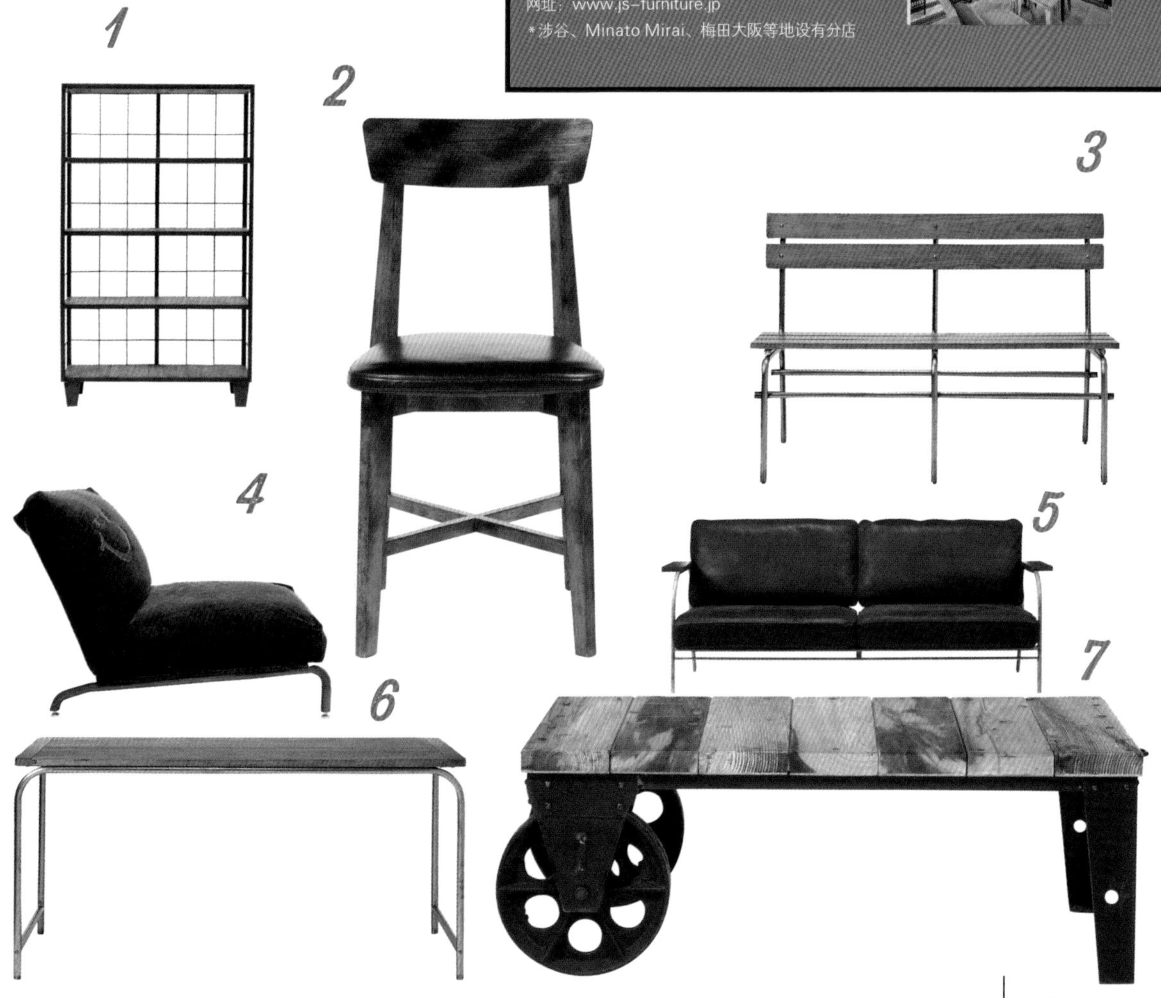

1 集旧木和铁材于一身

旧杉木面板的开放式架子，魅力在于其职场气息的粗朴而坚硬的外观，其进深可放下A4大小的文件、图书等，整洁大方。“Calvi Shelf” W100cmD36cmH164cm

2 2011年秋季发售以来一直销量第一

椅子腿中段交叉的外形非常漂亮，有种独特的温情。美国产漆皮座面，采用粗线缝制，显得粗朴大气。“Chinon Chair Leather” W41cmD55cm H82cm(SH46cm)

3 木与钢的组合，适合任何装修风格的搭配神器

跟同是“Bristol”系列的桌椅进行组合自然非常搭，单独使用也非常时尚。有靠背，所以坐着很轻松很舒适。“Bristol Bench” W 120cmD51cmH82cm(SH43.5cm)

7 粗犷风和工业系混搭桌

经典小机车造型，大小适宜的独创矮桌。旧木面板和铸铁车轮的强势组合，无疑给空间添上浓重的一笔。“Bruges Dolly” W90cmD50cmH34cm

4 像服装一样随季节更换外罩

以“穿衣服的椅子”为主题的经典沙发。沙发套可轻松更换，随季节进行新品发布，享受换装乐趣。靠背可5挡调节。“Rodez Chair” W70cmD80~116cmH35~64cm(SH23.5cm)

5 原材范儿十足的灵动沙发

大大的木扶手，经久质感的铁材，厚垫式绒面皮完美组合的独创沙发。背面也很漂亮，可放于房间中央。“Laval Sofa” W172.8cmD82cm H74cm(SH39cm)

6 英国学院派书桌造型

原创“Bristol”系列桌。光洁木材面板和简约钢管桌腿的搭配让人眼前一亮。也多用作操作台。“Bristol Dining Table” W150cmD70cm H73cm

1952年诞生的北欧代表性家具品牌。其简练大方的高品质现代风格家具演绎出丰富的日常生活。拥有多款可依照房间大小和用途而变换形态的多功能家具。这种重视实用性的特点是北欧品牌家具独有的魅力。正如店名中丹麦语意为“生活”的“Bo”所揭示的一样，该店可为客户提供符合日常生活方式的最佳设计方案。

可定制的简练大方的丹麦家具

BoConcept

BoConcept南青山
店址：东京都港区南青山2-31-8
电话：03-5770-6565
营业时间：11：00~20：00
休息日：全年无休
网址：www.boconcept.co.jp
*全国有18家分店

1 添加音响的集成书桌

带线缆管理功能和收纳空间的书桌，加入可支持蓝牙的音响，可尽情享受音乐。“Cupertino书桌”W140cmD60cmH74.5cm “圆形音响”（2台组合）W29cmD13cmH9cm

2 好玩又方便的挂架

有效利用墙面的橡木挂架。带图片所示的黑板（背面是白板），可跟对方留言，或是记录购物清单。“Metro挂架” W91.5cmD4cmH7cm “同款圆板” ϕ36cm

3 出门准备的好伙伴

门口放一张带镜面搁架的柜子。可将家里越来越多的鞋子和帽子等整理放置。侧面的挂钩还可以挂包包、披肩等，很方便。“Metro带镜子鞋帽柜”W38.5cmD43cm H193/198cm

4 突出直线美感的简练设计

魅力在于笔直的设计。前后叠放着大小不同的靠垫，坐上去会更加舒服。沙发的弹性如何，可依据从90多种布料或皮革中随意挑选的面料而定。“Istra沙发” W207cmD96cm H86cm（SH42cm）。无扶手长软椅另售

5 魅力在于高度和大小都可调节

高度可以调节，面板也可伸缩的桌子。不仅可当餐桌，也可以放在客厅当茶几，特别推荐给来客较多的夫妇们。“Rubi可调式桌子” W70/140cmD120cmH40~74.5cm。椅子另售

6 性能和设计都超赞的餐桌

有客人来或家庭成员增多时必备之法宝——伸缩式餐桌。一根桌腿的设计，可自由放置椅子，非常方便。“Granada伸缩式桌子” W130/182cmD130cmH74.5cm。椅子另售

7 面板可移动、方便收纳的多功能桌

面板可分成几部分立起来，可当小餐桌，设计非常奇特。还可以收纳东西，是收纳空间有限时的必备法宝。大小和颜色等可定制。“Chiva咖啡桌带收纳空间” W113.5/135cm D80/101.5cmH32.5/44.5cm

以“无品牌”为产品构想，诞生于1980年的无印良品，一直坚守合理实现“舒适生活”目标的放心品牌。严选材质，工序考究，甚至为您考虑如何有效利用空间，用富于变化的设计，让您享受自由设计房间的乐趣。

富于性能美的家具，打造两人独有氛围的空间

无印良品

无印良品有乐町
店址：东京都千代田区丸之内3-8-3 infos有乐町1~3F
电话：03-5208-8241
营业时间：10：00~21：00
休息日：不定
网址：www.muji.net
*在池袋西武、涉谷西武、札幌STELLARPLACE、terracemall湘南，大阪GRAND FRONT，CANAL CITY博多等地设有分店

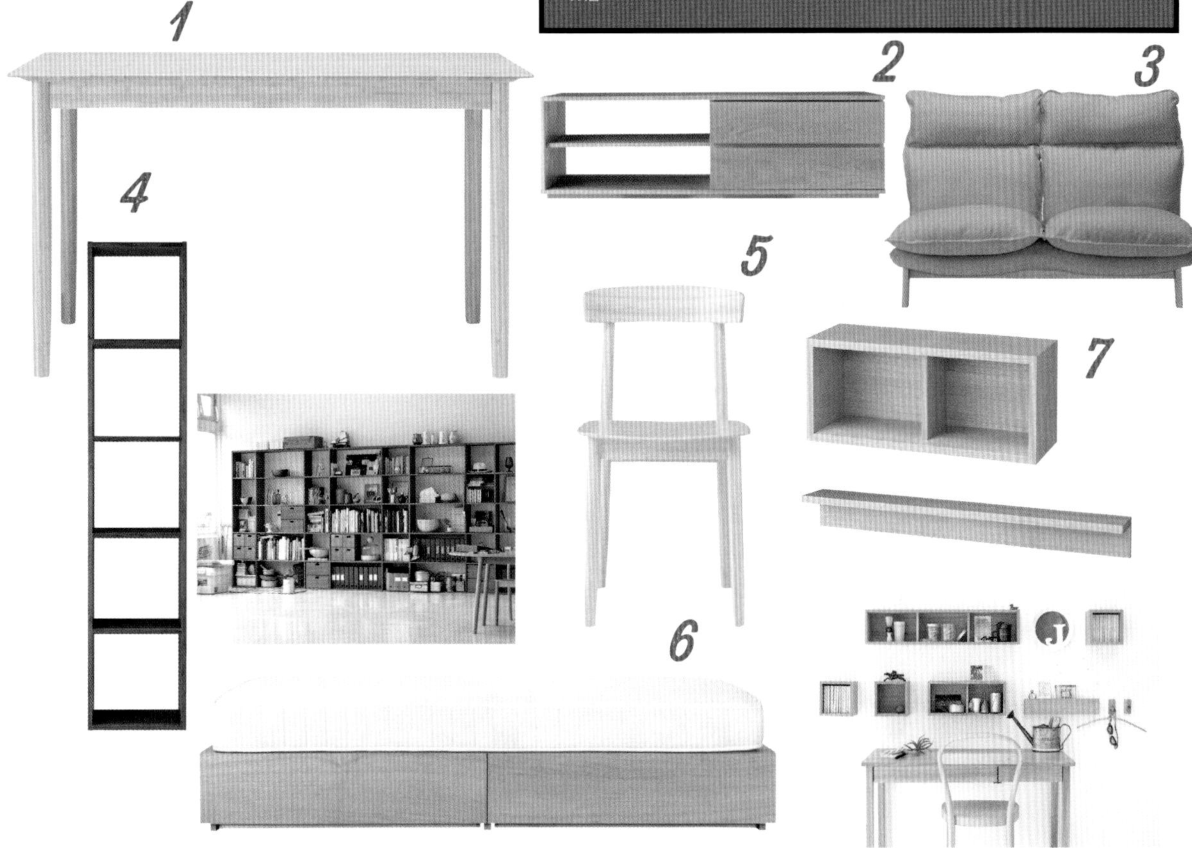

1 竹木独有的清爽魅力

无印良品的极简特色餐桌。用4~5年长成的高密度强纤维竹材精心打造而成。经久耐用，久用会另有一种风味。“竹桌・宽125cm”W125cmD75cmH72cm

2 光洁实木给房间增添温情

采用充满温情的光洁橡木打造而成。不设背板的开放空间，易于打理各种电线。抽屉部分带全封闭横杆，抽拉顺畅。“光洁实木AV架・长150cm・橡木” W150cmD40cmH44cm

3 靠背和头颈部位可随意调节角度

靠背采用大量羽绒填充，坐感超群。腰部位和头颈部位有自动调节功能，非常舒服惬意。“高靠背可调节沙发・2座・聚酯纤维平织” W148cmD100/120cmH83/93cm(SH30cm)

4 纵横可自由展开，可定制

组合自由、用途多样的架子。基本尺寸有2层、3层、5层这3款。正方形的架子正好放下无印良品的收纳物件。“叠放式架子・5层（基本款）・胡桃木” W42cmD28.5cmH200cm

5 经久耐用的竹椅

采用坚韧直挺的竹材制成，强度超群，设计清爽而简洁，除了当椅子用，还可以作为床头柜或是展示台用。“竹椅” W41.5cmD47.5cmH76.5cm（SH43cm）

6 可有效利用空间的木床

侧边设有伸缩收纳抽屉，上面的部分也内藏收纳空间。有通气孔，不易积湿气。“收纳床・半双人・橡木” W128.5cmD201cmH27cm。床垫另售

7 有效利用墙面，房间变得整洁又漂亮

可轻松简便地安装在石膏板墙上的收纳物件。架子、盒子、门框横木等，种类丰富，根据不同的创意，使用方法可灵活多变。（上）“固定于墙上的家具・盒子・宽44cm・水曲柳木/自然色” W44cmD15.5cmH19cm （下）“同款・架子・宽88cm・水曲柳木/自然色” W88cmD12cmH10cm

摄影师

片山久子、川隅知明、坂本道浩、大坊崇、林 博史、松井 浩、山口幸一、吉村规子

备案号：豫著许可备字-2015-A-00000155

图书在版编目（CIP）数据

充满DIY乐趣的日式家居装饰：打造时尚两人小窝/日本主妇之友社编著；黄辉译.—郑州：河南科学技术出版社，2016.8

ISBN 978-7-5349-8103-6

Ⅰ.①充… Ⅱ.①日… ②黄… Ⅲ.①住宅-室内装饰设计 Ⅳ.①TU241

中国版本图书馆CIP数据核字（2016）第089055号

出版发行：河南科学技术出版社
地址：郑州市经五路66号　邮编：450002
电话：（0371）65737028　65788613
网址：www.hnstp.cn
策划编辑：李　洁
责任编辑：杨　莉
责任校对：崔春娟
封面设计：张　伟
责任印制：张艳芳
印　　刷：河南新达彩印有限公司
经　　销：全国新华书店
幅面尺寸：185mm × 260 mm　印张：6　字数：150千字
版　　次：2016年8月第1版　2016年8月第1次印刷
定　　价：38.00元

如发现印、装质量问题，影响阅读，请与出版社联系并调换。